青少年 科普知识 读本

打开知识的大门，进入这多姿多彩的殿...

地球景观探奇

玲珑 ◎ 编著

河北出版传媒集团
河北科学技术出版社

图书在版编目(CIP)数据

地球景观探奇／玲珑编著. --石家庄：河北科学技术出版社，2013.5（2021.2重印）
 ISBN 978-7-5375-5879-2

Ⅰ.①地… Ⅱ.①玲… Ⅲ.①自然地理-世界-青年读物②自然地理-世界-少年读物 Ⅳ.①P941-49

中国版本图书馆 CIP 数据核字(2013)第 095489 号

地球景观探奇
diqiu jingguan tanqi

玲珑　编著

出版发行	河北出版传媒集团
	河北科学技术出版社
地　　址	石家庄市友谊北大街 330 号(邮编:050061)
印　　刷	北京一鑫印务有限责任公司
经　　销	新华书店
开　　本	710×1000　1/16
印　　张	13
字　　数	160 千字
版　　次	2013 年 6 月第 1 版
	2021 年 2 月第 3 次印刷
定　　价	32.00 元

前言 Foreword

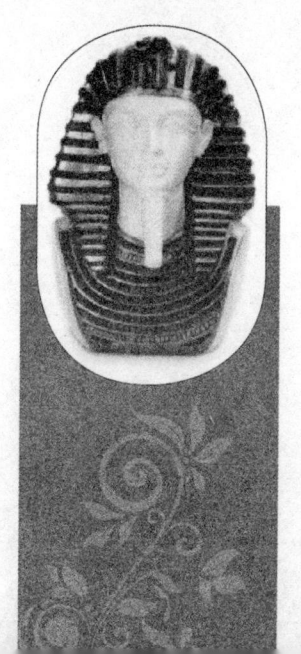

美丽的地球，到处风光无限。亲身前往，身临其境的感觉无比美妙；如果无法亲临，打开这本《地球景观探奇》，让其美妙的文字和精美的图片引导我们"心"临奇境，那感觉也奇妙异常。

本书采用图文结合的形式，详细介绍了世界各大文明奇观。全书内容按亚洲、非洲、北美洲、南美洲、南极洲、欧洲、大洋洲的顺序，用通俗易懂的语言，全面展现世界各大洲最具代表性的大自然奇特景观，所选之处皆为特色鲜明的地理奇观美景，或雄浑，或秀美，或苍凉，或幽远，无一不让人震撼于大自然的鬼斧神工。同时，全书选取数百张精美珍贵的图片展现出世界文明奇观的恢弘浩大，满足青少年探索地球奇观、了解世界美景的愿望，青少年足不出户便能浏览大千世界的神奇景观。

当你翻开这一页，你已经来到了一个奇异而崭新的世界。一段段清新、优美的文字，一张张唯美入心的图片，都让我们

1

深深地慨叹着大自然的神奇莫测。在这儿，你可以一览茫茫大漠的雄浑、感受热带雨林的凶险、领略畅游海底的快感；可以体会深入绝境的刺激、欣赏千奇百怪的生物、探秘风采依旧的古代文明……总之，地球上最神秘的景观、最奇幻的自然风光，都将一一为你展现。欢迎你走进此书，享受那令人眼花缭乱的美丽地球景观。

前言

Foreword

第一章 亚洲景观探奇

人间仙境——黄山	2
佛教圣地——布达拉宫	7
文化遗产——敦煌石窟	10
美丽迷人——九寨沟	19
神秘俊秀——济州岛	24
神奇仁爱——恒河	28
不死的海——死海	31
美丽传说——富士山	36
风景独特——阿寒町	45
闻名世界——特洛伊城	47
一望无际——勒拿河三角洲	52
物产丰富——贝加尔湖	54

第二章 非洲景观探奇

无限生机——尼罗河	58
地球疤痕——东非大裂谷	63
广阔奇特——撒哈拉沙漠	68

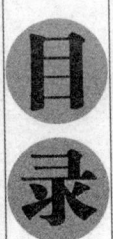

千古之谜——金字塔 ·· 73
扑朔迷离——刚果河 ·· 81
旅客天堂——塞舌尔 ·· 86
石头教堂——拉利贝拉 ······································ 89
风景迤逦——圣卢西亚湿地 ·································· 92

第三章　北美景观探奇

优美多情——千岛湖 ·· 96
令人敬畏——科罗拉多大峡谷 ································ 98
雄伟壮丽——落基山 ······································· 100
美妙神圣——尼亚加拉大瀑布 ······························· 103
波涛汹涌——芬迪湾 ······································· 108
闻风丧胆——马尾藻海 ····································· 111
鬼斧神工——石质化森林 ··································· 115

第四章　南美景观探奇

绚丽多姿——安第斯山 ····································· 118
富裕神秘——亚马孙热带雨林 ······························· 123
充满诱惑——沥青湖 ······································· 128

高原明珠——的的喀喀湖 ………………………… 131

跨越两国——伊瓜苏大瀑布 ……………………… 134

石像故乡——复活节岛 …………………………… 137

南美雅典——圣菲波哥大 ………………………… 144

第五章　南极洲景观探奇

活跃分子——埃里伯斯火山 ……………………… 148

最大冰川——兰伯特冰川 ………………………… 150

企鹅帝国——扎沃多夫斯基岛 …………………… 152

一望无际——罗斯冰架 …………………………… 155

死亡地带——文森峰 ……………………………… 157

第六章　欧洲景观探奇

神秘莫测——地中海 ……………………………… 160

美丽传说——爱琴海 ……………………………… 164

美景如画——威尼斯 ……………………………… 169

地下仙境——弗拉萨斯溶洞群 …………………… 172

旷世奇观——比萨斜塔 …………………………… 174

地球景观探奇

第七章　大洋洲景观探奇

野生王国——大堡礁 ················ 178
叹为观止——塔斯马尼亚 ·············· 182
富丽堂皇——悉尼大歌剧院 ············· 186
令人惊叹——库伯佩迪的蛋白石 ·········· 188
变化莫测——艾尔斯岩 ··············· 190
景色超凡——大分水岭 ··············· 192
巍然壮观——波浪岩 ················ 193
海草牧场——沙克湾 ················ 195
梦幻天堂——夏威夷群岛 ············· 198

地球景观探奇

第一章
亚洲景观探奇

地球景观探奇

人间仙境——黄山

　　黄山古代秦时称黟山，相传轩辕黄帝见此人间仙境，率手下大臣容成子、浮丘公来此炼丹，最后炼成。三人服下神丹，果然长生不老。现在黄山仍有炼丹峰，据说还有当年三人炼丹的丹井，而轩辕峰、容成峰、浮丘峰，也挺立于黄山诸峰之间。也正是得知此传说，唐天宝六年（公元747年）唐玄宗下诏改黟山为黄山。

　　黄山是中国十大风景名胜之一，以奇特的自然景观著称于世，被誉为"天下第一奇山"，并已被联合国列为世界遗产保护区。黄山是地球上最秀丽神奇的山之一，大自然毫不犹豫在此地垒起了这座无与伦比的奇山，五大云海如人间天堂，两处温泉尽涌金泉玉液，千百奇松神态各异，数不尽的怪石惟妙惟肖。走进黄山犹如走进天堂，走进仙境。

　　"五岳归来不看山，黄山归来不看岳"，明代大旅行家徐霞客游览黄山后大发感慨，这足以说明黄山在中国名山中的分量。

　　黄山"无峰不石，无石不松，无松不奇"，并以奇松、怪石、云海、温泉"四绝"著称于世。其二湖，三瀑，十六泉，二十四溪相映争辉。春、夏、秋、冬四季景色各异。黄山还兼有"天然动物园和天下植物园"的美称，有植物近

1500种，动物500多种。

奇　松

黄山之松多而奇，落根于奇峰怪石之中。黄山松，它分布于海拔800米以上的高山，以石为母，顽强地扎根于巨岩裂隙中。黄山松针叶粗短，苍翠浓密，干曲枝虬，千姿百态。或倚岸挺拔，或独立峰巅，或倒悬绝壁，或冠平如盖，或尖削似剑。有的循崖度壑，绕石而过；有的穿罅穴缝，破石而出。忽悬，忽横，忽卧，忽起。

黄山松具有很强的生命力，只要石缝间稍有立足之地，它就能就势而长。因此树形多具有丰富的艺术魅力，愈在险境，愈显神奇。依照它们的外形特征命名为迎客、送客、蒲团、凤凰、棋盘、探海、黑虎、麒麟、连理、接引等十大名松。更奇的是每棵松都有一段不同寻常的来历，比如黑虎松，据传，古时一和尚去狮子林做功课，见有黑虎俯卧在松顶上，课毕返回，不见黑虎，只有古松挺立，干枝气势雄伟，一派虎气，因而得名。

最著名的黄山松有：迎客松（位于玉屏楼的石狮前面），送客松（位于玉屏楼的右边），蒲团松（位于莲花溪谷），凤凰松（位于天海），棋盘松（位于平田石桥）。接引松（位于始信峰），麒麟松（位于北海宾馆和清凉台之间），黑虎

松（位于北海宾馆和始信峰之间），探海松或叫舞松（位于天都峰的鲫鱼背旁边）——这就是黄山的十大名松。过去还曾有人编了《名松谱》，收录了许多黄山松，可以数出名字的松树成百上千，像一个个绰约多姿的仙子。

怪　石

　　黄山"四绝"之一的怪石，以奇取胜，以多著称。黄山的奇峰怪石，形态奇巧，千姿百态，有的像人，有的如物，有的似飞禽，有的若走兽，许多奇峰怪石都有自己的名字。如天都峰、莲花峰、鲫鱼背、梦笔生花、笔架峰；还有"天女散花""天女绣花""羊子过江""仙人飘海""武松打虎""丞相观棋"等。

　　黄山石"怪"就怪在从不同角度看，就有不同的形状，在不同的天气观看情趣迥异，可谓"横看成岭侧成峰，远近高低各不同"。如站在半山寺前望天都峰上的一块大石头，形如大公鸡展翅啼鸣，故名"金鸡叫天门"，但登上龙蟠坡回首再望，这只"一唱天下白"的雄鸡却仿佛摇身一变，变成了五位长袍飘飘、扶肩携手的老人，被改冠以"五老上天都"之名。怪石分布可谓遍及峰壑巅坡，或兀立峰顶或戏逗坡缘，或与松结伴，构成一幅幅天然山石画卷。

　　据说黄山有名可数的石头就达1200多块，大都是三分形象、七分想象，从人的心理移情于石头，使一块冥顽不灵的石头凭空有了精灵跳脱的生命。

云　海

　　"黄山自古云成海"。云海，为黄山"四绝"中的又一绝。黄山是云雾之乡，以峰为体，以云为衣，其瑰丽壮观的"云海"以美、胜、奇、幻享誉古今，一年四季皆可观，尤以冬季景最佳。观云海的理想地点有五处：观前海在玉屏楼，观后海在清凉台，观东海在白鹅岭，观西海在排云亭。而登莲花峰、天都峰、光明顶则可尽收诸海于眼底，领略"海到尽头天是岸，山登绝顶我为峰"之境地。

我国的庐山、泰山、峨眉山等虽也有云海，但黄山的云海更有其特色，奇峰怪石和古松隐现云海之中，就更增加了美感。黄山一年之中有云雾的天气有200多天，水汽升腾或雨后雾气未消，就会形成云海，波澜壮阔，一望无边，黄山大小山峰、千沟万壑都淹没在云涛雪浪里，天都峰、光明顶也就成了浩瀚云海中的孤岛。阳光照耀，云更白，松更翠，石更奇。流云散落在诸峰之间，云来雾去，变化莫测。风平浪静时，云海一碧万顷，波平如镜，映出山影如画，远处天高海阔，峰头似扁舟轻摇，近处仿佛触手可及，不禁想掬起一捧云来感受它的温柔质感。忽而，风起云涌，波涛滚滚，奔涌如潮，浩浩荡荡，更有飞流直泻，白浪排

空，惊涛拍岸，似千军万马席卷群峰。待到微风轻拂时，四方云漫，涓涓细流，从群峰之间穿隙而过；云海渐散，清淡处，一线阳光洒金绘彩，浓重处，升腾跌宕稍纵即逝。云海日出，日落云海，万道霞光，绚丽缤纷。

温　　泉

黄山"四绝"之一的温泉也很奇特。黄山的温泉有两处。位于紫云峰下的"朱砂泉"最为著名，素有"天下名泉"之称。传说此泉与紫云峰和朱砂峰相通，朱砂峰下的朱砂矿乃是它的源泉。泉水每隔数年要变一次颜色，因呈赤红色，故名"朱砂泉"。

黄山温泉每天的出水量约400吨，常年不息，水温常年在42℃左右，属高山温泉。黄山温泉对消化、神经、心血管、新陈代谢、运动等系统的某些病症，尤其是皮肤病，均有一定的功效。相传轩辕黄帝就是在此沐浴七七四十九日之

后，白发变黑，返老还童，曾将此誉为"灵泉"，郭沫若称其"足比华清池"。

冬 雪

　　黄山的冬雪可称得上黄山"第五绝"。黄山冬雪不同于北国的冬雪，它不是那种厚重严实并且持久不化的雪，黄山的冬雪，妙就妙在与黄山的松、石、云、泉巧妙而完美的结合。

　　雄伟壮丽的黄山，挺拔秀丽，冰雪又给她增添了无限的风采。劈地摩天的天都峰，宛如银装素裹的神女；隔壑相望的莲花峰，如同一朵盛开的雪莲；九龙峰也变成了一条蜿蜒腾飞的玉龙，飞舞在黄山的云海之上；西海群峰奇异的石林，像一个个身着素服的神仙，聚集在峰头之上。冰雪覆盖的狮子林，银峦相拥的玉屏峰，构成了一幅绝美的景致。

佛教圣地——布达拉宫

布达拉宫始建于公元7世纪藏王松赞干布时期，距今已有1300多年的历史。

唐初，松赞干布迎娶唐朝宗室女文成公主为妻，为夸耀后世，在当时的红山上建九层楼，宫殿一千间，取名布达拉宫。据史料记载，红山内外围城三重，松赞干布和文成公主宫殿之间有一道银铜合制的桥相连。布达拉宫东门外有松赞干布的跑马场。当由松赞干布建立的蕃王朝灭亡之时，布达拉宫的大部分毁于战火。

明末，在蒙古固始汉的武力支持下，五世达赖建立甘丹颇章王朝。1645年，开始重建布达拉宫，五世达赖由甘丹颇章宫移居白宫顶上的日光殿，1690年，在第司·桑结嘉措的主持下，修改红殿五世达赖灵塔殿，1693年竣工。以后经历代达赖喇嘛的扩建，才达到今日的规模。

布达拉宫外观13层，高110米，自山脚向上，直至山顶。由东部的白宫（达赖喇嘛居住的地方），中部的红宫（佛殿及历代达赖喇嘛灵塔殿）组成。红宫前面有一白色高耸的墙面为晒佛台，在佛教的节日用来悬挂大幅佛像挂毯。

布达拉宫整体为石木结构，宫殿外墙厚为2~5米，基础直接埋入岩层。墙身全部用花岗岩砌筑，高达数十米，每隔一段距离，中间灌注铁汁，进行加固，

提高了墙体抗震能力，坚固稳定。

闪亮的屋顶采用歇山式和攒尖式，具有汉代建筑风格。屋檐下的墙面装饰有鎏金铜饰，形象都是佛教法器式八宝，有浓重的藏传佛教色彩。柱身和房梁上布满了鲜艳的彩画和华丽的雕饰。内部廊道交错，殿堂杂陈，空间曲折莫测，置身其中，步入神秘世界。

布达拉宫内部绘有大量的壁画，构成一条巨大的绘画艺术长廊，先后参加壁画绘制的有近200人，先后用去十余年时间。布达拉宫中各座殿堂中保存有大量的珍贵文物和佛教艺术品。五世达赖喇嘛的灵塔，坐落在灵塔殿中。塔高14.85米，是宫中最高的灵塔，塔身用黄金包裹，并嵌满各种珠宝玉石，建造中耗费黄金11万两。其他几座灵塔虽不如达赖喇嘛灵塔高大，其外表的装饰同样使用大量黄金和珠宝，可谓价值连城。

落拉康殿中有大型铜制坛城，坛城是佛教教义中世界构造的立体模型，也是佛的居住地，说法的讲坛。造型别致，装饰华丽。

萨松郎杰殿中供奉有用藏、汉、满、蒙四种文字书写的康熙皇帝长命牌位和乾隆皇帝画轴。表现了历代达赖同中央政府的隶属关系。在一些殿中还悬挂有清朝皇帝的匾额。在达居住的宫殿中还有大量豪华陈设、服饰。

公元17世纪，五世达赖建立甘丹颇章王朝并被清朝政府正式封为西藏地方政教首领后，开始了重建布达拉宫，时年为1645年。以后历代达赖又相继进行过扩建，于是布达拉宫就具有了今日之规模。

作为藏传佛教的圣地，每年到布达拉宫的朝圣者及旅游观光客总是不计其数。他们一般由山脚无字石碑起，经曲折石铺斜坡路，直至绘有四大金刚巨幅壁画的东大门，并由此通过厚达4米的宫墙隧道进入大殿。在半山腰上，有一处约1600平方米的平台，这是历代达赖观赏歌舞的场所，名曰德阳厦。由此扶梯而上经达松格廊廊道，便到了白宫最大的宫殿——东大殿。有史料记载，自1653年清朝顺治皇帝以金册金印敕封五世达赖起，达赖转世都须得到中央政府正式册封，并由驻藏大臣为其主持坐床、亲政等仪式。此处就是历代达赖举行坐床、亲政大典等重大宗教、政治活动的场所。

红宫是达赖的灵塔殿及各类佛堂。共有灵塔8座，其中五世达赖的是第一座，也是最大的一座。据记载仅镶包这一灵塔所用的黄金就多达11.9万两，并且经过处理的达赖遗体就保存在塔体内。西大殿是五世达赖灵塔殿的享堂，它是红宫内最大的宫殿。殿内除乾隆皇帝御赐"涌莲初地"匾额外，还保存有康熙皇帝所赐得大型锦绣幔帐一对，此为布达拉宫内的稀世珍品。传说康熙皇帝为了织造这对幔帐，曾专门建造了工场，并费时一年才得以织成。从西大殿上楼经画廊就到了曲结竹普（即松赞干布修法洞），这座公元7世纪的建筑是布达拉宫内最古老的建筑之一，里面保存有松赞干布、文成公主及其大臣的塑像。

红宫内的最高宫殿名叫萨松朗杰（意为胜三界），其内供奉有清乾隆皇帝画像和"万岁"牌位。大约自七世达赖格桑嘉措起，各世达赖每年藏历正月初三凌晨都要来此向皇帝牌位朝拜，以此表明他们对皇帝的臣属关系。

今天，人们眼中的布达拉宫，不论是就其石木交错的建筑方式，还是从宫殿本身所蕴藏的文化内涵来看，都能感受到它的独特性。它似乎总能让到过这里的人留有深刻的印象。统一花岗石的墙身；木质屋顶及窗檐的外挑起翘设计；全部的铜瓦鎏金装饰，以及由经幢、宝瓶、摩羯鱼、金翅鸟做脊饰的点缀……这一切完美配合使整座宫殿显得富丽堂皇。大殿内的壁画亦算是布达拉宫内一道别致风景。在这堪称巨型绘画艺术长廊内，既记载有西藏佛教发展历史，又有五世达赖生平、文成公主进藏过程，还有西藏古代建筑形象和大量佛像金刚等，说它是一部珍贵的历史画卷毫不为过。独特的布达拉宫同时又是神圣的。因为在今天的中国，每当提及它时都会很自然地联想起西藏。在人们心中，这座凝结藏族劳动人民智慧又目睹汉藏文化交流的古建筑群，俨然已经以其辉煌的雄姿和藏传佛教圣地的地位，成为了藏民族的象征。

文化遗产——敦煌石窟

莫高窟属全国重点文物保护单位，俗称千佛洞，被誉为20世纪最有价值的文化发现，坐落在河西走廊西端的敦煌，以精美的壁画和塑像闻名于世。它始建于十六国的前秦时期，历经十六国、北朝、隋、唐、五代、西夏、元等历代的兴建，形成巨大的规模，现有洞窟735个，壁画4.5万平方米，泥质彩塑

2415尊，是世界上现存规模最大、内容最丰富的佛教艺术圣地。近代以来又发现了藏经洞，内有5万多件古代文物，由此衍生专门研究藏经洞典籍和敦煌艺术的学科——敦煌学。但在近代，莫高窟遭到骗取、盗窃，文物大量流失，其宝藏遭到严重破坏。1961年，莫高窟被公布为"第一批全国重点文物保护单位之一"。1987年，莫高窟被列为世界文化遗产。是中国四大石窟之一。

莫高窟位于中国甘肃省敦煌市东南25千米处的鸣沙山东麓断崖上，前临宕泉河，面向东，南北长1680米，高50米。洞窟分布高低错落、鳞次栉比，上下最多有五层。它始建于十六国时期，据唐《李克让重修莫高窟佛龛碑》的记载，前秦建元二年（公元366年），僧人乐僔路经此山，忽见金光闪耀，如现万佛，于是便在岩壁上开凿了第一个洞窟。此后法良禅师等又继续在此建洞修禅，称为"漠高窟"，意为"沙漠的高处"。后世因"漠"与"莫"通用，便改称为"莫高窟"。北魏、西魏和北周时，统治者崇信佛教，石窟建造得到王公贵族们的支持，发展较快。隋唐时期，随着丝绸之路的繁荣，莫高窟更是兴盛，在武则天时有洞窟千余个。安史之乱后，敦煌先后由吐蕃和归义军占领，但造像活动未受太大影响。北宋、西夏和元代，莫高窟渐趋衰落，仅以重修前朝窟室为主，新建极少。元朝以后，随着丝绸之路的废弃，莫高窟也停止了兴建并逐渐湮没于世人的视野中。直到清康熙四十年（1701年）后，这里才重新让人注意。近代，人们通常称其为"千佛洞"。

莫高窟现存北魏至元的洞窟735个，分为南、北两区。南区是莫高窟的主体，为僧侣们从事宗教活动的场所，有487个洞窟，均有壁画或塑像。北区有248个洞窟，其中只有5个存有壁画或塑像，而其他的都是僧侣修行、居住和亡后掩埋场所，有土炕、灶炕、烟道、壁龛、台灯等生活设施。两区共计492个洞窟存有壁画和塑像，有壁画4.5万平方米、泥质彩塑2415尊、唐宋木构崖檐5个，以及数千块莲花柱石、铺地花砖等。

莫高窟地处丝绸之路的一个战略要点。它不仅是东西方贸易的中转站，同时也是宗教、文化和知识的交汇处。莫高窟的492个小石窟和洞穴庙宇，以其雕像和壁画闻名于世，展示了延续千年的佛教艺术。

莫高窟规模宏大，内容丰富，历史悠久，与山西云冈石窟、河南龙门石窟并称为中国"三大石窟艺术宝库"。莫高窟最初开凿于前秦建元二年（公元366年），至元代（1271—1368）基本结束，其间经过连续近千年的不断开凿，使莫高窟成为集各时期建筑、石刻、壁画、彩塑艺术为一体，世界上规模最庞大，内容最丰富，历史最悠久的佛教艺术宝库。这些艺术珍品不仅反映了中国中古时期宗教和社会生活情况，同时也表现出历代劳动人民的杰出智慧和非凡成就。

1900年在莫高窟偶然发现了"藏经洞"，洞里藏有从公元4世纪到14世纪

的历代文物五六万件，其中有唐代写经《妙法莲花经卷六》局部。这是20世纪初中国考古学上的一次重大发现，震惊了世界。此后又由此发展出著名的"敦煌学"。敦煌学经过近百年的研究，不仅在学术、艺术、文化等方面取得了令人瞩目的成果，同时也向世界展示了敦煌艺术之美、文化内蕴之丰富以及中国古代劳动人民的聪明智慧。

敦煌石窟艺术是集建筑、雕塑、绘画于一体的立体艺术，古代艺术家在继承中原汉民族和西域兄弟民族艺术优良传统的基础上，吸收、融化了外来的表现手法，发展成为具有敦煌地方特色的中国民族风俗的佛教艺术品，为研究中国古代政治、经济、文化、宗教、民族关系、中外友好往来等提供了珍贵资料，是人类文化宝藏和精神财富。现存500多个洞窟中保存有绘画、彩塑492个，有禅窟、殿堂窟、塔庙窟、穹隆顶窟、"影窟"等形制，还有一些佛塔。窟型最大者高40余米、宽30米见方，最小者高不盈尺。早期石窟所保留下来的中心塔柱式这一外来形式的窟型，反映了古代艺术家在接受外来艺术的同时，加以消化、吸收，使它成为我国民族形式。其中不少是现存古建筑中的杰作。彩塑为敦煌艺术的主体，有佛像、菩萨像、弟子像以及天王、金刚、力士、神等。彩塑形式丰富多彩，有圆塑、浮塑、影塑、善业塑等。最高34.5米，最小仅2厘米左右（善业泥木石像），题材之丰富和手艺之高超，堪称佛教彩塑博物馆。17窟唐代河西都统的肖像，和塑像后绘有持杖近侍等，把塑像与壁画结为一体，为我国最早的高僧写实真像之一，具有很高的历史和艺术价值。石窟壁画富丽多彩，各种各样的佛经故事、山川景物、亭台楼阁等建筑画、山水画、花卉图案、飞天佛像以及当时劳动人民进行生产的各种场面等，是十六国至清代1500多年的民俗风貌和历史变迁的艺术再现。在大量的壁画艺术中还可发现，古代艺术家们在民族化的基础上，吸取了伊朗、印度、希腊等国古代艺术之长，是中华民族发达文明的象征。各朝代壁画表现出不同的绘画风格，反映出我国封建社会的政治、经济和文化状况，是中国古代美术史的光辉篇章，为中国古代史研究提供了珍贵的形象史料。光绪二十六年（1900年），敦煌艺术在16窟北壁中被发现砌封于隐室中，其中贮有从三国魏晋到北宋时期的经卷、文书、织绣和画像等5万余件。文书除汉文写本外，粟特文、佉卢文、回鹘文、吐蕃文、梵文、藏文等各民族文字写本约占1/6。有佛、道等教的教门杂文的宗教文书，文学作品、契约、账册、公文书函等世俗文书。敦煌艺术的发现，名闻中外，它对我国古代文献的补遗和校勘有极为重要的研究价值。

莫高窟是一座融绘画、雕塑和建筑艺术于一体，以壁画为主、塑像为辅的大型石窟寺。它的石窟形制主要有禅窟、中心塔柱窟、殿堂窟、中心佛坛窟、四壁三龛窟、大像窟、涅槃窟等。各窟大小相差甚远，最大的第16窟达268平方米，最小的第37窟高不盈尺。窟外原有木造殿宇，并有走廊、栈道等相连，现多已不存在。

莫高窟壁画绘于洞窟的四壁、窟顶和佛龛内，内容博大精深，主要有佛像、佛教故事、佛教史迹、经变、神怪、供养人、装饰图案等七类题材，此外还有很多表现当时狩猎、耕作、纺织、交通、战争、建设、舞蹈、婚丧嫁娶等社会生活各方面的画作。这些画有的雄浑宽广，有的鲜艳瑰丽，体现了不同时期的艺术风格和特色。中国五代以前的画作大都已散失，莫高窟壁画为中国美术史研究提供了重要实物，也为研究中国古代风俗提供了极有价值的形象和图样。据计算，这些壁画若按2米高排列，可排成长达25千米的画廊。

莫高窟所处山崖的土质较松软，并不适合制作石雕，所以莫高窟的造像除四座大佛为石胎泥塑外，其余均为木骨泥塑。塑像都为佛教的神佛人物，排列有单身像和群像等多种组合，群像一般以佛居中，两侧侍立弟子、菩萨等，少则3身，多则达11身。彩塑形式有圆塑、浮塑、影塑、善业塑等。这些塑像精巧逼真、想象力丰富、造诣极高，而且与壁画相融映衬，相得益彰。

有一个九层的遮檐，叫"北大像"，正处在崖窟的中段，与崖顶等高，巍峨壮观。其木构为土红色，檐牙高啄，外观轮廓错落有致，檐角系铃，随风作

13

响。其间有弥勒佛坐像，高35.6米，由石胎泥塑彩绘而成，是中国国内仅次于乐山大佛和荣县大佛的第三坐大佛。容纳大佛的空间下部大上部小，平面呈方形。楼外开两条通道，既可供就近观赏大佛，又是大佛头部和腰部的光线来源。这座窟檐在唐文德元年（公元888年）以前就已存在，当时为5层，北宋乾德四年（公元966年）和清代都进行了重建，并改为4层。1935年再次重修，形成现在的9层造型。

莫高窟的壁画上，处处可见美丽飞天——敦煌市的城雕也是一个反弹琵琶的飞天仙女的形象。飞天是侍奉佛陀和帝释天的神，能歌善舞。墙壁之上，飞天在无边无际的茫茫宇宙中飘舞，有的手捧莲蕾，直冲云霄；有的从空中俯冲下来，势若流星；有的穿过重楼高阁，宛如游龙；有的则随风漫卷，悠然自得。画家用那特有的蜿蜒曲折的长线、舒展和谐的意趣，呈献给人们一个优美而空灵的想象世界。

艳丽的色彩，飞动的线条，在这些西北的画师对理想天国热烈和动情的描绘里，我们似乎感受到了他们在大漠荒原上纵骑狂奔的不竭激情，或许正是这种激情，才孕育出壁画中那样张扬的想象力量吧！

莫高窟现存有壁画和雕塑的492个石窟，大体可分为四个时期：北朝、隋唐、五代和宋、西夏和元。

开凿于北朝时期的洞窟共有36个，其中年代最早的第268窟、第272窟、第275窟可能建于北凉时期。窟型主要是禅窟、中心塔柱窟和殿堂窟，彩塑有圆塑和影塑两种，壁画内容有佛像、佛经故事、神怪、供养人等。这一时期的影塑以飞天、供养菩萨和千佛为主，圆塑最初多为一佛二菩萨组合，后来又加上了二弟子。塑像人物体态健硕，神情端庄宁静，风格朴实厚重。壁画前期多以土红色为底色，再以青绿褚白等颜色敷彩，色调热烈浓重，线条淳朴浑厚，人物形象挺拔，有西域佛教的特色。西魏以后，底色多为白色，色调趋于雅致，风格洒脱，具有中原的风貌。典型洞窟有第249窟、第259窟、第285窟、第428窟等。如第243石窟北魏时代的释迦牟尼塑像，巍然端坐，身上斜披印度袈裟，头顶扎扁圆形发髻，保留着犍陀罗样式。

隋唐是莫高窟发展的全盛时期，现存洞窟有300多个。禅窟和中心塔柱窟

14

在这一时期逐渐消失，而同时大量出现的是殿堂窟、佛坛窟、四壁三龛窟、大像窟等形式，其中殿堂窟的数量最多。塑像都为圆塑，造型丰满，风格更加中原化，并出现了前代所没有的高大塑像。群像组合多为七尊或者九尊，隋代主要是一佛、二弟子、二菩萨或四菩萨，唐代主要是一佛、二弟子、二菩萨和二天王，有的还再加上二力士。这一时期的莫高窟壁画题材丰富、场面宏伟、色彩瑰丽，美术技巧达到空前的水平。如中唐时期制作的第79窟胁侍菩萨像中的样式。上身裸露，半跪坐式。头上合拢的两片螺圆发髻，是唐代平民的发式。脸庞、肢体的肌肉圆润，施以粉彩，肤色白净，表情随和温存。虽然眉宇间仍点了一颗印度式红痣，却更像生活中的真人。还有在第159窟中，也是胁侍菩萨。一位上身赤裸，斜结璎珞，右手抬起，左手下垂，头微向右倾，上身有些左倾，胯部又向右突，动作协调，既保持平衡，又显露出女性化的优美身段。另外一位菩萨全身着衣，内外几层表现清楚，把身体结构显露得清晰可辨。衣褶线条流利，色彩艳丽绚烂，配置协调，身材修长，比例恰当，使人觉得这是两尊有生命力的"活像"。

　　五代和宋时期的洞窟现存有100多个，多为改建、重绘的前朝窟室，形制主要是佛坛窟和殿堂窟。从晚唐到五代，统治敦煌的张氏和曹氏家族均崇信佛教，为莫高窟出资甚多，因此供养人画像在这个阶段大量出现并且内容也很丰富。塑像和壁画都沿袭了晚唐的风格，但愈到后期，其形式就愈显公式化，美术技法水平也有所降低。这一时期的典型洞窟有第61窟和第98窟等，其中第61窟的地图《五台山图》是莫高窟最大的壁画，高5米，长13.5米，绘出了山西五台山周边的山川形胜、城池寺院、亭台楼阁等，堪称恢宏壮观。

　　莫高窟现存西夏和元代的洞窟有85个。西夏修窟77个，多为改造和修缮的前朝洞窟，洞窟形制和壁画雕塑基本都沿袭了前朝的风格。一些西夏中期的洞窟出现回鹘王的形象，可能与回鹘人有关。而到了西夏晚期，壁画中又出现了西藏密宗的内容。元代洞窟只有8个，全部是新开凿的，出现了方形窟中设圆形佛坛的形制，壁画和雕塑基本上都和西藏密宗有关。典型洞窟有第3窟、第61窟和第465窟等。

　　1900年，在莫高窟居住的道士王圆箓为了将已被遗弃许久的部分洞窟改建

为道观，而进行大规模的清扫。当他在为第16窟（现编号）清除淤沙时，偶然发现了北侧甬道壁上的一个小门，打开后，出现一个长宽各2.6米、高3米的方形窟室（现编号为第17窟），内有从公元4世纪到11世纪（即十六国到北宋）的历代文书和纸画、绢画、刺绣等文物五万多件，这就是著名的"藏经洞"。

藏经洞的内壁绘菩提树、比丘尼等图像，中有一座禅床式低坛，上塑一位高僧洪辩的坐像，另有一通石碑，似未完工。从洞中出土的文书来看，最晚的写于北宋年间，且不见西夏文字，因此可推断藏经洞是公元11世纪时，莫高窟的僧人们为躲避西夏军队，在准备逃难时所封闭的。

莫高窟藏经洞是中国考古史上的一次非常重大的发现，其出土文书多为写本，少量为刻本，汉文书写的约占5/6，其他则为古代藏文、梵文、齐卢文、粟特文、和阗文、回鹘文、龟兹文等。文书内容主要是佛经，此外还有道经、儒家经典、小说、诗赋、史籍、地籍、账册、历本、契据、信札、状牒等，其中不少是孤本和绝本。这些对研究中国和中亚地区的历史，都具有重要的史料和科学价值，并由此形成了一门以研究藏经洞文书和敦煌石窟艺术为主的学科——敦煌学。

莫高窟在元代以后已很少为人所知，几百年里基本保存了原貌。但自藏经洞被发现后，旋即吸引来许多西方的考古学家和探险者，他们以极低廉的价格从王圆箓处获得了大量珍贵典籍和壁画，运出中国或散落民间，严重破坏了莫高窟和敦煌艺术的完整性。

1907年，英国考古学家马尔克·奥莱尔·斯坦因在进行第二次中亚考古旅行时，沿着罗布泊南的古丝绸之路，来到了敦煌。当听说莫高窟发现了藏经洞后，他找到王圆箓，表示愿意帮助兴修道观，取得了王的信任。于是斯坦因就被允许进入藏经洞拣选文书，他最终只用了200两银，便换取了24箱写本和5箱其他艺术品。1914年，斯坦因再次来到莫高窟，又以500两银向王圆箓购得了570段敦煌文献。这些藏品大都捐赠给了大英博物馆和印度的一些博物馆。大英博物馆现拥有与敦煌相关的藏品约1.37万件，是世界上收藏敦煌文物最多的地方，但近年来由于该馆对中国文物的保护不力甚至遭致失窃，而受到不少指责。

1908年，精通汉学的法国考古学家伯希和在得知莫高窟发现古代写本后，立即从迪化赶到敦煌。他在洞中拣选了三星期，最终以600两银为代价，获取了1万多件堪称精华的敦煌文书，后来大都入藏法国国立图书馆。

1909年，伯希和在北京向一些学者出示了几本敦煌珍本，这立即引起学界的注意。他们向清朝学部上书，要求甘肃和敦煌地方政府马上清点藏经洞文献，并运送进京。清廷指定由甘肃布政使何彦升负责押运。但在清点前，王圆箓便已将一部分文物藏了起来，押运沿途也散失了不少，到了北京后，何彦升和他的亲友们又自己攫取了一些。于是，1900年发现的五万多件藏经洞文献，最终只剩下了8757件入藏京师图书馆，现均存于中国国家图书馆。

对于流失在中国民间的敦煌文献，有一部分后来被收藏者转卖给了日本藏家，也有部分归南京国立中央图书馆，但更多的已难以查找。王圆箓藏匿起来的写本，除了卖给斯坦因一部分以外，其他的也都在1911年和1912年卖给了日本的探险家吉川小一郎和橘瑞超。1914年，俄罗斯佛学家奥尔登堡对已经搬空的藏经洞进行了挖掘，又获得了一万多件文物碎片，目前藏于俄罗斯科学院东方学研究所。

近代，除了藏经洞文物受到瓜分，敦煌壁画和塑像也蒙受了巨大的损失，目前所有唐宋时期的壁画均已不在敦煌。伯希和与1923年到来的哈佛大学兰登·华尔纳先后利用胶布粘取了大批有价值壁画，有时甚至只揭取壁画中的一小块图像，严重损害了壁画的完整性。王圆箓为打通部分洞窟也毁坏了不少壁画。1922年，莫高窟曾一度关押了数百名俄罗斯沙皇军队士兵，他们在洞窟中烟熏火燎，破坏不小。1940年代，张大千在此描摹壁画时，发现部分壁画有内外两层，他便揭去外层以观赏内层，这种做法后来引发了争议，直到现在依然争论不休。

敦煌自古以来就是丝绸之路上的重镇，一度颇为繁华，周边石窟寺亦颇多。除了莫高窟，还有西千佛洞、榆林窟及东千佛洞等，共同组成了敦煌石窟群，其中西千佛洞和东千佛洞通常被看做是莫高窟和榆林窟的分支。西千佛洞位于莫高窟西南30余千米的党河北岸崖壁上，呈东西向排列，全长2.5千米，现存

第一章　亚洲景观探奇

地球景观

北魏、北周、隋、唐、五代、西夏、元的洞窟22个、壁画约800平方米、彩塑34身，它的洞窟形制、塑像和壁画的题材内容、艺术风格均与莫高窟十分相似，但由于历史上的保护不周，目前残损坍塌较甚。

虽然早在20世纪初就有罗振玉、王国维、刘半农等人在北京、伦敦、巴黎等各地收集、抄录敦煌文献，但对莫高窟的真正保护开始于20世纪40年代。1941年至1943年著名画家张大千对洞窟进行了断代、编号和壁画描摹。1943年，国民政府将莫高窟收归国有，设立敦煌艺术研究所，由常书鸿任所长，对敦煌诸石窟进行系统性的保护、修复和研究工作。1950年，研究所改名为敦煌文物研究所，依然由常书鸿主持，到1966年以前，已加固了约400个洞窟，抢修了5座唐宋木构窟檐，并将周边10余平方千米划定为保护范围。1984年，中国政府进一步将敦煌文物研究所升格为敦煌研究院，充实了科技力量，开展治沙工程，积极利用数字化技术和其他技术来加强保护工作。由于呼吸产生的二氧化碳对壁画会产生潜在性的破坏，近年造访莫高窟人数增加，因此对日常参观人数应该加以限制。

莫高窟堪称世界最大的艺术宝库之一。

美丽迷人——九寨沟

九寨沟是大自然的杰作。山，青葱妩媚，水，澄清晶莹；依山傍水，水绕群山，树在水边长，水在林中流，山水相映，林水相亲，景色秀美，环境清幽。它是集色美、形美、声美于一体的综合美、原始美的和谐统一，可以说是人类风景美学法则的最高境界。

大凡景色奇异秀丽的地方，都有些美丽动听的传说。关于九寨沟的奇丽湖瀑就流传着一个动人的传说：在很久很久以前，千里岷山白雪皑皑，有个美丽淳朴的藏族姑娘名叫沃诺色嫫，靠着天神赐给的一对金铃，引来神水浇灌这块奇异的土地。于是，这块土地上长出了葱郁的树林，各种花草丰美，珍禽异兽无数，使得这块曾经荒漠的土地，顿时变得生机勃勃。一天清晨，姑娘唱着山歌，来到清澈的山泉边梳妆，遇上了一个正在泉边给马饮水的藏族青年男子。那藏族男青年名叫戈达，早就对沃诺色嫫姑娘怀有爱恋之心，姑娘亦暗暗地喜爱这个勇敢聪明的小

伙子。这时在清泉边不期而遇，两人心里都充满喜悦，正当姑娘和小伙在互相倾吐爱慕之情时，一个恶魔突然从天而降，硬将姑娘和小伙子分开，并抢走了姑娘手中的金铃，还逼姑娘一定要嫁给他做妻。沃诺色嫫姑娘哪里肯从，戈达奋力与恶魔搏斗，姑娘乘机逃进了一个山洞。那戈达毕竟不是恶魔的对手，只有先逃出去，跑去唤来村寨中的相邻亲友，与恶魔展开了殊死搏斗，经过了9

天9夜的鏖战，终于战胜了恶魔，救出了沃诺色嫫姑娘，金铃亦从此回到了姑娘的手中。姑娘和小伙子边摇动着金铃，边唱着情歌回家了。霎时，空中彩云飘舞，地下碧泉翻涌，形成了108个海子，作为姑娘梳妆的宝镜。在戈达和沃诺色嫫结婚的宴席上，众山神还送来了各种绿树、鲜花、珍禽、异兽，于是，这里从此就变成了一个美丽迷人的人间天堂。

九寨沟之美，一在风光，二在传说。那一段段美丽的传说更增添了景物的吸引力，使得到这里的游客络绎不绝。

九寨沟四周峰簇峥嵘、雪峰高耸，在青山环抱的"Y"字形山沟内，分布着114个梯级湖泊，由许多湍流、滩流和瀑布群相连，珠联玉串，逶迤50余千米，湖水清澈艳丽，飞瀑多姿多彩，急湍汹涌澎湃，林木青葱婆娑，雪峰洁白晶莹，蓝色的天空，明媚的阳光，清新的空气和点缀其间的古老原始的村寨、栈桥、磨房，组成了一个内涵丰富、和谐统一的美的环境，体现了高度的综合美。

山水相依，水树交融，动静有致：九寨沟山清水秀，湖瀑一体，山林云天倒映水中，更添水中景色。水色使山林更加青葱，山林使水色更加娇艳。湖水从树丛中层层跌落，形成林中瀑布，湖下有瀑，瀑泻入湖，湖瀑孪生，层层叠叠，相衔相续。宁静翠蓝的湖泊和洁白飞泻的瀑布，构成了静中有动，动中有静，动静结合，蓝白相间的奇景。

九寨沟的景观排列有序，沟口海拔2000米，至主沟顶部长湖和草湖海拔逐渐升高到3000米左右，景观也在不断地变化，由低到高，由简到繁，引人入胜。九寨沟的景观序列似一部气势磅礴的交响乐，由序幕到高潮，给人留下难以忘怀的审美感受。

沟口至荷叶坝7000米处为九寨沟的序幕，林木青葱，溪流欢唱，芦苇丛生，鸟语花香。荷叶坝到树正景区，空间顿开，奏起了景观序列中的第一乐章。金光灿灿的火花湖，多姿多彩的盆景滩，神奇诡秘的卧龙湖，大小19个碧树相绕、群瀑飞泻的树正群湖和树正群瀑，以及原始水磨和小木桥点缀其间的树正滩流和高25米、宽82米似匹练空落的树正瀑布，呈现在眼前，使人目不暇接，惊叹大自然造景之神奇。

从树正景区上行为清澈透明、水面宽阔的犀牛湖，给人以美丽而宁静的感受。过了犀牛湖，宽阔的诺日朗瀑布似悬挂于绿色树林中的白色幕帘，奏响了乐曲的精华彩段。诺日朗以上的景点各具特色，是九寨沟景观之高潮。这个区域内集中了长海、镜海、五花海、五彩池、熊猫海、天鹅海、草海等主要湖泊和三个最大的瀑布，最宽阔的钙华流滩，茂密的天然森林。长海海拔3060米，面积1.5平方千米，四周群山环抱，雪峰皑皑，森林茂密，壮观奇丽。镜湖水平如镜，蓝天、雪峰、远山、近树尽纳湖中，景色奇幻。五花海的湖水最为艳丽，五彩斑斓，似色彩鲜艳、变幻莫测的万花筒。五彩池池水翠蓝，犹似镶嵌于墨绿色森林中的瑰丽宝石。天鹅海和草海的碧水、清溪、草滩、鲜花在岩壁和森林的映衬下，更显得原始、自然、幽深宁静，置身其中，如入"仙境"。瀑宽320米的诺日朗瀑布为中国最宽的瀑布，位于九寨沟中部，为九寨沟的象征。宽310米、高28米的珍珠滩瀑布和珍珠滩相连，瀑面呈新月形，宽阔的水帘似拉开的巨大环形银幕，瀑声雷鸣，飞珠溅玉，气势磅礴。高78米、宽50米的熊猫湖瀑布，为九寨沟落差最大的瀑布，冬季冰冻，璀璨耀眼的冰晶世界，蔚为奇观。巨大的钙华流滩——珍珠滩，滩面湍急的水流激起无数浪花，在阳光照射下，宛若无数滚动的珍珠。而在长湖和日则沟的天然森林内，古木参天，苔藓遍地，神秘之感油然而生。这些景点都是九寨沟最为突出的景点，每一个景点都给人以强烈的美的感受，使人激动不已。排列

有序的九寨沟景点，高低错落，抑扬顿挫，转接自然，如诗如画，形成一份丰厚自然的底蕴。在九寨沟数十平方千米的游览区内，景点之多，景观之美，观光内容之丰富，实属罕见。

九寨沟的色彩，美在缤纷、奇特和变幻无穷。九寨沟的湖泊紧傍森林，水质清丽晶莹，天光、云影、雪峰、彩林倒映湖中，镜像清晰，倒影和湖水融合，使湖水更加艳丽，随朝夕和春夏秋冬，阴晴雨雪之变化，湖水也随之变成黛绿、深蓝、翠蓝等多种颜色。更为奇特的是，五花湖底的钙华沉积和各种色泽艳丽的藻类，以及沉水植物的分布差异，一湖之中分成许多色块，宝蓝、翠绿、橙黄、浅红，似无数宝石镶嵌成的巨形佩饰，珠光宝气，雍容华贵。当金秋来临时，湖畔五彩缤纷的彩林倒映湖中，与湖底色彩混交成一个异彩纷呈的彩色世界。黄昏时分，火红的晚霞，映入水中，湖水似团团火焰，金星飞迸，彩波粼粼，绮丽无比。其色彩之丰富，超出了画家的想象。

莽莽林海，随季节变化，呈现出瑰丽色彩。初春山山丛林，红、黄、紫、白各色杜鹃点缀其间，其后，山桃花、野梨花相继吐艳，夹杂着嫩绿的树木新叶，整个林海繁花似锦。盛夏是绿色的海洋，新绿、翠绿、浓绿、黛绿，绿得那样青翠，显示出旺盛的生命力。深秋，深橙色的黄栌，浅黄色的椴叶，绛红色的枫叶，殷红色的野果，深浅相间，错落有致，万山红遍，层林尽染，似一幅独具匠心的巨幅油画。在暖色调的衬托下，湖水更蓝。蓝天、白云、雪峰、彩林倒映于湖中，呈现出光怪陆离的水景。入冬，白雪皑皑，冰瀑、冰幔晶莹洁白；莽莽林海，似玉树琼花。银装素裹的九寨沟显得洁白、高雅，像置于白色瓷盘中的蓝宝石，更加璀璨。

"九寨归来不看水"，水是九九寨沟的精灵。九寨沟的水景形态极美，比例恰当，构图巧妙，线条匀称，节奏明快，不论从哪个视点和角度，都能看到极为美丽的画面。湖、瀑、滩、泉，一应俱全，异彩纷呈。湖，有孤处，有群置，或浩荡，或娟秀，有以倒影取胜，有以色彩称雄；瀑，宽者300余米，高者近80米，气势恢宏的，有如银河天落；轻柔飘逸的，有如天女散花；滩，有的如盆景列表，有的如珍珠飞溅；泉，条条激流，股股飞泉，层层烟雾，阵阵涛声，不绝于耳。九寨沟集水形、水色、水姿、水声于一体，收尽天下水景之美态。

九寨沟的奇山异水，立体交叉，四维渗透，融色美、形美、声美于一体，构成了一幅多层次、多方位的天然画卷。其总体之美可谓"自然的美、美的自然"。徜徉九寨沟，使人在视觉、听觉、感觉协调一体的幻意中，陶醉在最高的美的享受里。正因为九寨沟的景观类多，加之周围的山峦、林木、藏情等造景因素，使九寨沟成了画家、文学家和摄影家最理想的创作源泉，也多次成为中国电影、电视剧创作的外景拍摄地。

九寨沟1991年被列入联合国《世界风景名录》，1992年12月由联合国教科文组织批准，正式列入《世界自然遗产名录》。2010年10月29日，通过院士专家们的评审验收，九寨沟正式成为我国首个"智慧景区"。

神秘俊秀——济州岛

这个神秘而美丽的小岛，有着许多传说和故事。由于济州岛特殊的地理位置，这里曾是抗美援朝战争期间，美军关押中国志愿军战俘的地方。走进济州岛，韩国导游首先要向游客介绍岛上特有的风情和习俗：一是"三多"，风多、石头多、女人多；二是"三无"，无大门、无乞丐、无小偷。风多，是四面临海、亚热带气候的共性；石头多，是因为火山喷发而形成的岛，遍地都是黑色石头，地面上不能种植水稻，表层薄弱的地方踩一脚就能听到轰轰声，不能储水，只是旱地；女人多，是指男人大多出海，留在岛上的大多是女人；无大门，是岛上风俗的缘故，简单的三根横

木就是大门；无乞丐，这里有山有水，生存下来并不成问题，一方面人性单纯，勤劳朴实，另一方面三根横木的习俗沿袭至今，谁也不愿越过横木而乞讨；无小偷，是说这里风气正，风俗淳，地广人稀，环境得天独厚，"偷"这个概念在这里不存在，也形不成气候。

面对岛上的风情、习俗、传说和遗存，人们不禁要问，这个四面环海的小岛，它的历史一定不会很长吧？是的。这个济州岛，古称耽罗国，据传高、良、夫氏的始祖高之那、良之那、夫之那三神曾在这里显现，刚刚开始生活时，三个神仙穿着皮衣狩猎，吃肉食生活。有一天他们遇到了携带五谷、牛犊和小马

驹的来自碧浪国的三位公主，并与她们成亲，开始了农耕生活。岛上的"三姓穴"（在平地上形成的品字形的三个洞穴，据说往下可以通到大海），就是当年传说的见证。不过先有洞穴，还是先有神仙，就像先有鸡还是先有蛋一样，一直激发着人的好奇心，将两者撮合起来附会以臆说，是每一处人文景点的编说者的看家本领，不必过于认真。

然而，有关中国秦始皇时代"五百童男童女"东渡寻找长生不老药的故事，却留下了一个个谜团，让人们茶余饭后幸福地咀嚼着。秦始皇统一六国后，功绩盖世显赫一时，身处九五之尊的嬴政，此时几乎是没有什么奢望了，但人生下来必然走向死亡的规律却不可抗拒，尽管他的每一次巡游都在臣民的山呼万岁声中飘飘欲仙，却如何也摆脱不了生老病死的纠缠。正在他苦思冥想如何延年益寿的时候，忽然听到徐福传来的令人吃惊的消息：在遥远的东海之中有三座神山，生活在那里的神仙们都采吃不老草，故而长生不老。秦始皇当即下令，命徐福带领童男童女各500名，乘坐由昆仑山千年大木制成的大船，在一流艄公的驾驭下，登上了遥遥的航海之途。徐福一行首先到达的地方就是济州岛，当时的济州岛以瀛洲而闻名，李白曾有诗句"海客谈瀛洲，烟涛微茫信难求"。第二天清晨徐福看到了极为壮观的海上日出，认为生死未卜的航海大业终于成功，为纪念这个庞大的船队平安抵达目的地，他在

海边的岩石上刻下了"朝天"二字，因此这地方至今仍被称作北济州郡朝天邑。安顿停当后，徐福就率领这1000名童男童女登上了瀛洲山（汉拿山的别称）寻找不老草。据说当时他们找到的不老草被称为"岩高兰"，或称为"灵芝""芝草"。他们采完灵芝草，下山经过正房瀑布，那美景使他们惊叹不已，于是在崖壁上刻下了"徐福过之"，刻字的痕迹据传直到1950年还依稀可见，

如今已斑驳不清了。

"锦城虽云乐，不如早还家"，岛上的气候、环境、饮食使得这一千多人很不习惯。因为徐福向东而来，所以离开时留下了"向西回家"的话，他当时离开济州岛的那个渡口称作"西归浦"，现在的西归浦市便因此而得名。不过徐福一行并没有像他说的那样西行，相反，不但没有回到中国，反而向东去了日本，当时并没有发明航海指南针，只是凭太阳的起落，遇到阴雨天气单凭主观臆测造成的。这支队伍离开时有3名童男掉队，留在了岛上。为了这3名童男，徐福始终放心不下，到了日本后，又派了3名童女回到济州岛。这3对童男童女分别是耽罗国（济州岛旧称）神话中的三位神仙，以及从日本（碧浪国）渡海而来的三位神女，或者说这6个人就是济州岛的始祖吧，这些传说至今还在岛上广为流传。

整个济州岛就是一座山。济州岛是一座典型的火山岛，120万年前开始火山活动而形成的岛屿中央，岛中央是通过火山爆发而形成的海拔1951米的韩国最高峰——汉拿山。海洋性气候的济州岛素有"韩国夏威夷"之称。济州岛现在的名字已经改为济州国际自由城市。2006年2月，韩国中央政府颁布《建立济州特别自治道及开发国际自由城市的特别法》，开始了雄心勃勃的济州开发战略。而济州国际自由城市开发中心（JDC）则作为韩国建设交通部出资的政府机构，负责在2011年之前，在济州岛建成高科技园区、休闲居住区、神话历史公园等项目。济州岛作为韩国唯一的特别自治岛，享受除国防和外交之外的所有行政自治权。

这座韩国第一大岛位于朝鲜半岛西南海域，地处远东地区的中心部，北距韩南部海岸90多千米，东与日本的九州岛隔海相望，地扼朝鲜海峡门户，地理位置极为重要，属济州道，呈东西长南北窄椭圆形，海岸平直少良港。汉拿山（1950米）位于岛中央，有火口湖白鹿潭，岛上多瀑布。由于济州暖流通过，属温带海洋性气候。年平均气温14.7℃，冬季4.7℃。年降水量北部1300毫米左右，南部1600~1800毫米。植物垂直分布明显。主要农作物麦、薯类、杂粮，还有除虫菊、柑橘等。东部饲养猪、牛、鸡等。水产业发达。工业以农、水、畜产品加工为主。有环岛公路。与釜山、木浦有定期航线。济州市在岛北岸，是政治经济中心。改道东西长73千米，南北宽41千米，呈椭圆形。在这个面积1845平方千米的岛上，屹立着海拔1950米的韩国最高山岳汉拿山，这座1007年火山喷发留下的火山锥使济州岛显得格外雄奇壮观。由于古代建有名谓"儋罗国（耽罗国）"的独立国，远离陆地，因此保有本岛独有的风俗习惯、方言与文化等。因而可以接触到与其他地方不同的景观。

济州岛占韩国总面积的1.84%，人口约50多万。济州岛拥有神秘的自然景观及传统文化之美的世界旅游胜地的岛屿，曾在这里举办过韩日和韩美首脑会谈，是举办首脑会谈等重要的国际会议的国际旅游胜地。济州岛的地貌十分奇特，处处岩浆凝石。

当年熔岩流经的地方，形成了千奇百怪的溶洞、溶柱，展现了特有的神韵。随着时间的推移，济州岛已披上了绿装。岩石丛中树木挺拔，泥土地里芳草萋萋，瀑布宛如银河飞泻，又如条条白练，给济州岛蒙上了一层神秘的色彩。

济州岛东部是大片适合放牧的草地，使得该岛许多世纪以来一直是韩国的主要牧场。岛上一个占地8万公顷的牧场是亚洲最好的牧场之一。济州岛历史上曾以饲养马匹闻名，如今岛上仍有3000多匹骏马，约占韩国马匹总数的2/3。岛上气候温和，适宜种植柑橘、葡萄柚和红橘，岛上的西归浦是全国柑橘生产的中心。为了保护果树不受岛上强劲海风的侵袭，果园的四周建起了高高的石墙。

济州岛远离半岛，岛上的一些原始习俗仍在流传。最有意思的是那里还可以看到母系社会的痕迹，当家、谋生主要靠妇女。其中"海女"算是最典型的"职业妇女"了。她们常要潜入水下沿峻峭的礁石采集贝类、鲍鱼、海参和海螺等海产品，而男人们则留在家里照料家务。

神奇仁爱——恒河

从长度来看，恒河算不上世界名河，但它却是古今中外闻名的世界名川。她用丰沛的河水哺育着两岸的土地，给沿岸人民以舟楫之便和灌溉之利，用肥沃的泥土冲积成辽阔的恒河平原和三角洲，勤劳的恒河流域人民世世代代在这里劳动生息，创造出世界古代史上著名的印度文明。历史学家、考古学家的足迹遍布恒河两岸，诗人、歌手行吟河畔。至今，这里仍是印度、孟加拉国的精粹所在，尤其是恒河中上游，是经济文化最发达，人口最稠密的地区。恒河，印度人民尊称它为"圣河"和"印度的母亲"，众多的神话故事和宗教传说构成了恒河两岸独特的风土人情。在印度神话中，恒河原是一位女神，是希马华特（意为雪王）的公主，

为滋润大地，解救民众而下凡间。女神即是雪王之女，家乡就在缥缈的冰雪王国，这与恒河之源——喜马拉雅山脉南坡加姆尔的甘戈特力冰川相呼应，愈加带有神话色彩。加姆尔在印度语中是"牛嘴"之意，而牛在印度是被视为神灵的，恒河水是从神灵——牛的嘴里吐出来的清泉，于是便被视为圣洁无比了。

而根据宗教传说，恒河之所以为"圣水河"乃是因恒河之水来源于"神山圣湖"。恒河的上游在我国西藏阿里地区的冈底斯山，冈底斯山的东南坡有一个

大而幽静的淡水湖,叫玛法木错湖,湖水来源于高山融化的冰雪,所以湖水清澈见底,平如明镜。相传,这里的山中就是"神中之神"——湿婆修行的地方,印度教徒尊它为"神山"。湿婆的妻子乌玛女神是喜马拉雅山的女儿,玛法木错湖是湿婆和他的妻子沐浴的地方,印度教徒尊它为"圣湖",由于恒河水是从"神山圣湖"而来,所以整个恒河都是"圣水"。千百年来,虔诚的印度教徒不惜长途跋涉,甚至赤足翻越喜马拉雅山,到中国境内的"神山圣湖"来朝圣,到湖中洗澡,以祛病消灾,益寿延年;到神山朝拜,以得到湿婆大神的启示。

恒河是印度北部的大河,自远古以来一直是印度教徒的圣河。其大部分流程为宽阔、缓慢的水流,流经世界上土壤最肥沃和人口最稠密的地区之一。尽管地位重要,但其2510千米的长度使其无论以世界标准还是亚洲标准衡量都显得短了一些。

恒河发源于喜马拉雅山脉,注入孟加拉湾,流域面积占印度领土的1/4,养育着高度密集的人口。恒河流经恒河平原,这是印度斯坦地区的中心,亦是从西元前3世纪阿育王至16世纪建立的蒙兀儿帝国为止一系列文明的摇篮。

恒河大部分流程流经印度领土,不过其在孟加拉地区的巨大的三角洲主要位于孟加拉境内。恒河总流向是北—西北—东南。在三角洲,水流一般南向。

在印度,大多数印度教信徒终生怀有4大乐趣:敬仰湿婆神、到恒河洗圣水澡并饮用恒河圣水、结交圣人朋友和居住在瓦拉纳西(Varanasi)圣城。

印度人视恒河为圣河,历史悠久,有着浓厚的民俗和文化色彩,即使经过千年的文明洗礼,恒河两岸的人们仍然保持着古老的习俗。许多自古流传的神话,使印度人民对恒河母亲生起无限的怀想,结下一个不可磨灭的情结。印度人民这一生中至少要在恒河中沐浴一次,让圣河洗净生生世世所有的罪孽。人们将恒河看做是女神的化身,虔诚地敬仰恒河,据说是起源于一个传说故事。古时候,恒河水流湍急、汹涌澎湃,经常泛滥成灾,毁灭良田,残害生灵,有个国王为了洗刷先辈的罪孽,请求天上的女神帮助驯服恒河,为人类造福。湿婆神来到喜马拉雅山下,散开头发,让汹涌的河水从自己头发上缓缓流过,灌溉两岸的田野,两岸的居民得以安居乐业。从此,印度教便将恒河奉若神明,

地球景观探奇

敬奉湿婆神和洗圣水澡成为印度教徒的两大宗教活动。

在印度教徒的眼里，恒河是净化女神恒迦的化身，而恒河里的水就是地球上最为圣洁的水，只要经过它的洗浴，人的灵魂就能重生，身染重病的人也可以重获健康。每年都有众多的朝圣者虔诚而来，在恒河水里举行自己的重大宗教仪式。更有甚者在恒河水里自尽，以期洗去此世的罪孽。于是，恒河上有时会漂浮着尸体。人们将尸体打捞起来火化后，会遵照死者遗嘱将骨灰洒在恒河里。就这样年复一年，恒河水受到了严重的污染，成了印度污染最严重的河流之一。可印度教徒依然我行我素，他们沐浴在此，饮用在此，却很少中毒或者得病。不知恒河水是否因为其神圣而具有了某种自我净化的能力。

不死的海——死海

据传，远古时候死海所在的地方原来是一片大陆。村里男子们有一种恶习，先知鲁特劝他们改邪归正，但他们不知悔改。上帝决定惩罚他们，便暗中谕告鲁特，叫他携带家眷在某年某月某日离开村庄，并且告诫他离开村庄以后，不管身后发生多么重大的事故，都不准回过头看。鲁特按照规定的时间离开了村庄，走了没多远，他的妻子因为好奇，偷偷地回过头去望了一眼。哎哟，转瞬之间，好端端的村庄塌陷了，出现在她眼前的是一片汪洋大海，这就是死海。她因为违背上帝的告诫，立即变成了石人。即使经过多少世纪的风雨，她仍然立在死海附近的山坡上，扭着头日日夜夜地望着死海。上帝惩罚那些执迷不悟的人：让他们既没有淡水喝，也没有淡水种庄稼。

当然这是神话，是人们无法认识死海形成过程的一种猜测。其实，死海是一个咸水湖，它的形成是自然界变化的结果。死海地处约旦和巴勒斯坦之间南北走向的大裂谷的中段，它的南北长75千米，东西宽5～16千米，海水平均深度146米，最深的地方大约有400米。死海的源头主要是约旦河，河水含有很多的矿物质。河水流入死海，不断蒸发，矿物质沉淀下来，经年累月，越积越多，便形成了今天世界上最咸的咸水湖——死海。

死海的历史至少可追溯到希腊化时代。自从亚伯拉罕（希伯来人的祖先）

31

时代和所多玛与蛾摩拉的毁灭（据《旧约》记载，这两城因罪大恶极而被天火焚烧；两城旧址现可能已沉入死海南部）以来，死海一直同圣经历史联系在一起。该湖的干涸河流先为戴维（以色列国王），后为希律一世大帝（犹太国王）提供了避难场所，在公元前40年安息人围攻耶路撒冷时，希律一世把他自己关在梅察达（Masada）古堡中。梅察达古堡曾是被围困三年的地点，最后于公元73年其犹太奋锐党守军集体自杀，古堡被罗马人摧毁。留下今称"死海古卷"的圣经文稿的犹太教派曾在该湖西北的山洞中藏身。人类对大自然奇迹的认识经历了漫长的过程，最后依靠科学才揭开了大自然的秘密。死海的形成，是由于流入死海的河水，不断蒸发、矿物质大量下沉的自然条件造成的。那么，为什么会造成这种情况呢？原因主要有两条：

其一，死海一带气温很高，夏季平均可达34C°，最高达51C°，冬季也有14～17℃。气温越高，蒸发量就越大。

其二，这里干燥少雨，年均降雨量只有50毫米，而蒸发量是140毫米左右。晴天多，日照强，雨水少，补充的水量，微乎其微，死海变得越来越"稠"——入不敷出，沉淀在湖底的矿物质越来越多，咸度越来越大。于是，经年累月，便形成了世界上最咸的咸水湖——死海。

死海是内流湖，因此水的唯一外流就是蒸发作用，而约旦河是唯一注入死海的河流，但近年来因约旦和以色列向约旦河取水供应灌溉及生活用途，死海水位受到严重的威胁。

在侏罗纪和白垩纪地沟形成之前，地中海面积很大。在中新世，海床隆起，产生外约旦高地和巴勒斯坦中央山地的隆皱结构，出现形成死海凹地的断面。当时死海的面积与现代大约相等。在更新世死海升到比现代水平高约215米的高度，形成一片广阔的内陆海，从北部的哈勒（Huleh）河谷地区延伸约320千米，至目前南部边界以南64千米处。死海并未溢出岸边而注入亚喀巴湾，是因为受到阿拉伯谷地最高部分中一块30.4米高的隆起处的阻挡，阿拉伯谷地是沿中央内盖夫（Negev）高地的东部延伸部分而流的一条季节性水道。

大约250万年前或稍后时期，大量河水流入该湖，淤积了厚厚的沉积物，内有页岩、泥土、沙石、岩盐和石膏。以后形成的泥土、泥灰、软白垩和石膏层落在沙土和沙砾层之上。由于在最近1万年中，水蒸发的速度比降水补充的速度快，该湖逐渐缩减至目前的大小。在此过程中，露出1.6~6.4千米厚的覆盖死海湖谷的沉积物。

利桑半岛和塞多姆山（Mount Sedom，历史上称作所多玛山〔Mount Sodom〕）是由地壳运动产生的地层。塞多姆山的陡峭悬崖高耸在西南岸上。利桑半岛由泥土、泥灰、软白垩和石膏层形成，隔层中夹有沙土和沙砾。利桑半岛和死海湖谷西侧类似物质形成的湖底向东部下降。据猜测，是由于塞多姆山和利桑半岛地势上升，才形成了死海南部的急斜面。随后死海的水冲过这一急斜面的西半部，淹没死海目前较浅的南端。

死海中虽然没有任何水中动植物，但对人类的照顾却是无微不至的，因为它会让不会游泳的人在海中游泳。任何人掉入死海，都会被海水的浮力托住，这是因为死海中的水的比重是1.17~1.227，而人体的比重只有1.02~1.097，水的比重超过了人体的比重，所以人就不会沉下去。游客们悠闲地仰卧在海面上，一只手拿着遮阳的彩色伞，另一只手拿着一本画报在阅读，随波漂浮。传说2000年前，罗马帝国的远征军来到了死海附近，击溃了这里的土著人，并抓获了一群俘虏，统帅命令士兵把俘虏们投进死海。奇怪的是，这些俘虏竟然没有沉下去，而是个个都浮在水面之上，统帅以为这是神灵在保佑他们，就把俘虏释放了。

死海的海水不但含盐量高，而且富含矿物质，常在海水中浸泡，可以治疗关节炎等慢性疾病。因此，每年都吸引了数十万游客来此休假疗养。

死海海底的黑泥含有丰富的矿物质，成为市场上抢手的护肤美容品。以色列在死海边开设了几十家美容疗养院，将疗养者浑身上下涂满黑泥，只露出两只眼睛和嘴唇。富含矿物质的死海黑泥，由于健身美容的特殊功效而成为以色列和约旦两国宝贵的出口产品。死海是世界上最早的疗养胜地（从希律王时期开始），湖中大量的矿物质具有一定安抚、镇痛的效果。

20 世纪 80 年代初，人们又发现死海正在不断变红，经研究，发现水中正迅速繁衍着一种红色的小生命——"盐菌"。其数量十分惊人，大约每立方厘米海水中含有 2000 亿个盐菌。另外，人们还发现死海中还有一种单细胞藻类植物。看来，死海中也是一个生机勃勃的世界。

但是，死海的实际情况实在不容乐观，它的面积正日益缩小，而地质假说还没有更多的事实可以论证。因此，死海的未来仍然是一个难解的谜。

死海在日趋干涸。在漫长的岁月中，死海不断地蒸发浓缩，湖水越来越少，盐度也就越来越高。在中东地区，夏季气温高达 50℃以上。唯一向它供水的约旦河水被用于灌溉，所以死海面临着水源枯竭的危险。不久的将来，死海将不复存在。

1947 年，死海长达 80 千米，宽 16~18 千米，到目前为止，长不过 55 千米，宽 14~16 千米。死海面积已从 1947 年（即在以色列建国前）的 1031 平方千米下降到了 683 平方千米，这就是说，在 50 年期间，死海面积减少了近 30%，因此，预计死海最终将在 100 年内逐渐干涸。死海渐渐死亡的原因是：从 20 世纪 60 年代中期以来，以色列截流或分流哺育死海的约旦河及贾卢德河、法里阿河、奥贾河、扎尔卡河和耶尔穆克河的河水，致使流入死海的河流水量剧减，造成了死海面积的减小。近 50 年以来，死海湖面下降了约 25 米。使死海走向死亡的另一个原因是，由于日光照射使湖水温度升高，从而导致湖水蒸发量加大，特别是在夏季，死海湖水的蒸发量也是世界最大的。同时，死海缓慢死亡的原因还归咎于沿岸国对死海东、西岸诸如钾、锰、氯化钠等自然资源的过量开采。以色列食盐的开采量比约旦多 4 倍。目前，死海的南湖已完全消失，只剩下北湖了。为了减缓死海的死亡速度，约旦决定建立一些补救项目。预计，将在死海和亚喀巴湾之间修建一条运河，以补充死海丢失的水分。死海是世界上自然资源最富有的地区之一，它拥有丰富的氯化钠、氯酸钾、氯化镁等资源。同时，它还蕴藏着石油，以色列和约旦正在死海湖底进行石油勘探的活动。

据美国物理学家组织网报道，德国达姆施塔特科技大学的研究人员沙赫拉扎德·埃布·吉哈兹尔赫和同事们认为，死海的水位正伴随着严重的环境污染以惊人的速度下降，如果这一趋势得不到遏制，死海干涸不是没有可能。

建造死海到红海或地中海到死海的人工水道，需要有非常大的流量，才能把足够的水送到死海，让它再次达到以前的水位，并可以持续地发电，通过脱盐产生淡水。发表在《自然科学》上的研究报告指出，死海水位下降不是气候变化所致，一定程度上是由人们对水的需求越来越大造成的。死海等封闭湖泊的水位通常反映出气候状况，水位由流入死海的河水、直接降雨量和蒸发掉的水量决定。而就死海来说，水位发生变化是由约旦人对水的需求越来越大、约旦河支流雅木克河用于灌溉以及以色列和约旦钾肥业对死海水的使用造成的。这项研究发现，在过去几十年里，耗水量不仅导致死海水位下降，还使其容量和表面面积快速减少。沙赫拉扎德和同事们发明了一个有关死海表面面积和水容量的模型，发现死海在过去几十年里失去了大量的水。他们研究了死海的侵蚀阶地，首次用"差分全球定位系统"（DGPS）精确记录了相关数据。他们还确定了侵蚀阶地的具体年龄。研究人员指出，死海水位下降会造成许多后果，例如工厂用死海的水提取碳酸钾；盐和镁所需的成本会大大提高；周边地下水层的淡水快速流出；出现大量污水池；脱盐形成的泥浆严重危害着公路和土木工程建筑。为了解决死海水资源所承受的越来越多的压力和由水位降低造成的环境危害，研究人员建议，可以把其他地区的水引到死海地区，减少当地脱盐的海水量，这样就可延缓死海水位下降的速度。

美丽传说——富士山

关于富士山名字的由来流传着一个美丽的传说。

有一个老头，叫笃郎。他靠编竹篮为生。一天，东方刚亮，笃郎和往常一样，从竹林里砍回一捆竹子，坐下来干活。突然他听见一个细柔的声音："你好呀！"笃郎随口便回答了一句"你好"，就站起身来，前后左右张望了一番，可是连一个人影也没有看到。他又坐下来干活，刚拿起一根竹管，想把它劈开，细柔的声音又响了，就像在耳朵旁边："你好呀！"

笃郎向周围打量一下，还是没见到一个人影，再往竹管里一瞧，原来在竹管里有一个小不点儿的女孩。他把小女孩倒出来，放在手掌上，仔细端详了一阵：是一个挺俊的小妞儿！"你是从哪里冒出来的呀？为什么只这么一丁点儿呢？"老工匠问。小女孩回答的声音，依然是那么细柔动听："我是在月宫里诞生的，那儿的女孩子都是这么小，不过我们长得很快，不用多久，我们就会长成大姑娘的。""月宫里的女孩？那为什么跑到我们地面上来了？""昨天夜里，我到月宫旁边幽静的小路上玩。那里风景非常美，我一时给迷住了，走着，走着，不小心摔了跤，就掉到你们地面上来了。幸亏恰好掉进竹管里，要不然，恐怕要跌碎啦。""那么，对这个俊妞儿我该怎么办呢？"笃郎沉思着，自言自语地说。"把我收做女儿吧！"小女孩说，"我能帮你编竹篮，帮你烧火做饭，帮你栽花种菜，帮你洗衣衫。"

"好，留下来吧。"老工匠和善地说，"从今天开始，你就是我的小女儿，你的名字就叫山竹子吧！"山竹子留了下来，和笃郎生活在一起。她手脚勤快，帮老工匠编篮子，洗衣衫。小女孩果然长得很快，她日长夜大，不消几时，就长成一个漂亮的大姑娘了。

离老工匠家不远,有一个铁匠,他是一个快活、健壮的小伙子。年轻的铁匠心灵手巧,他能把金银铜铁,甚至宝石,得心应手地制作成各种精巧的艺术品。铁匠整天在铺子里一边干活,一边高兴地唱歌。

有一天,铁匠看见了山竹子,立刻就爱上了她,山竹子也喜欢铁匠。铁匠深情地对山竹子说:"咱们结婚吧,山竹子。"山竹子羞答答地说:"明天你到我家里去求亲吧,我们的事要由我的老父亲来决定。"当铁匠和山竹子在说知心话的时候,邻近国度的三位显贵的皇子光临了老工匠的家,第一个走进茅屋的是皇子一太郎,他对笃郎说:"把你的女儿山竹子嫁给我!如果你不答应,我就下令把你扔到大海里去喂鱼,明天我来听回音。"紧跟在他后面来的是皇子仓石,他说:"把你的女儿山竹子嫁给我!如果你不答应,我就下令把你扔到山沟里去喂虎,明天我来听回音。"最后走进茅屋的是皇子道大,他说:"把你的女儿山竹子嫁给我!如果你不答应,我就下令把你的头砍掉!明天我来听回音。""怎么办?"老工匠左思右想,拿不定主意。他愁坏了。

正在这时,山竹子回到家里,笃郎把这一切一五一十地告诉了她。山竹子说:"不要紧。明天我来对付他们。"第二天早晨,首先来到老工匠家的是皇子一太郎,山竹子在门槛旁边有礼貌地问他:"听说你要向我家求亲,是真的?""哪里还有假的?我正是为这件事来的。"山竹子说:"你如果真心实意爱我,我希望你能用行动证明它。印度有一只铁酒杯,它薄得像蜻蜓的翅膀,里面装满了钻石。有个狰狞的妖怪日夜看守着它。如果你真是爱我,那么就用你的勇敢和智慧去把它取回来当做聘礼吧!我等你100天。""一定照办,你等着我的好消息吧!"一太郎说着,就告辞了。一太郎在路上遇见了皇子仓石和道大,趾高气扬地对他俩说:"你们来迟了,美人儿山竹子已经答应嫁给我了。以后我请你们来喝喜酒。"仓石和道大听到这个消息,只好灰溜溜地回去了。一太郎边走边寻思:"我何苦去找妖怪拼命?要一酒杯钻石,我家里有的是。现在只要请个巧铁匠打一只铁酒杯就行了。"一太郎叫来家仆,吩咐说:"你去找个巧铁匠,替我打一只铁酒杯,要像蜻蜓翅膀一样薄,如果他能打得好,我要给他双倍的工钱。"铁匠整整用了一个月的时间,打好了这只精美无比的酒杯。家仆把酒杯取走,可是没给铁匠工钱。99天过去了。第100天,皇子一太郎穿上礼服,拿着这只装满钻石的铁酒杯，大摇大摆地上笃郎家来了。他把酒杯献到山竹子裙下，就厚着脸皮扯起了弥天大谎："为了得到这个酒杯，我不辞千辛万苦，在大海里劈风斩浪，航行了40天。第41天，我才登上印度国土。在那里我和看守酒杯的妖怪血战好几天。那个妖怪剽悍得很，他有四个脖子，每个脖子都长着两个头，好是吓人！在你死我活的厮杀中，我好几次险些送命。由于我无所畏惧，从不退却，终于斩下妖怪的八个头颅，带回了这只装满钻石的酒杯。我把它当做聘礼献给你，依照前约，我们今天就举行婚礼吧！"诚实的老工匠听过一太郎的讲述，非常感动，他说："这位高贵的皇子用行动证明了他是勇敢的，他的爱情是坚贞的。现在我就去请客人来参加婚礼吧！"

可是，笃郎前脚还没有跨出门槛，门口来了年轻的铁匠，他向皇子一太郎施了一礼，说："尊贵的皇子阁下，你答应过，我替你打好铁酒杯，就付给我双倍的工钱，可是你的家仆一个子儿也没有给我。既然如此，酒杯还应该属于我。"

铁匠把酒杯里的钻石倒在地上，双手捧起酒杯，对山竹子说："我把它献给你，虽然里面没有装钻石，但是它盛满我对你的深情。"说完，铁匠又回铺子里去了。山竹子接过酒杯，贴近自己的胸前，对一太郎说："我不想成为骗子的妻子，请你离开这儿吧！"一太郎羞惭无比，用扇子遮住面孔，溜出了老工匠的家。他前脚刚走，就来了皇子仓石。他对山竹子说："我是来参加皇子一太郎的婚礼的，尊敬的一太郎在哪儿呢？""他是一个胆小鬼、骗子！我永远不会嫁给他的。""那就嫁给我吧！我又勇敢，又忠实。""我倒真想考验一下你。"山竹子截断了仓石的话，说："东海有座漂浮不定的蓬莱山。山上有棵奇异的樱桃树，树身是金的，树枝是银的，果实是金刚钻的，三只老虎日夜守卫着它。如果你真是又勇敢，又忠实，那么你就去蓬莱山，带回一根结着金刚钻果实的樱桃枝，给我当聘礼。""没问题！你等着吧！100天以后你就请客人来参加我们的婚礼！"说着，他就走了，走到路上，仓石的老鼠眼骨碌碌转了几转："我何苦千里跋涉去找什么蓬莱山呢？只要请一个巧铁匠就解决问题了。"仓石走进打铁铺，对铁匠说："你替我打一根樱桃枝吧，树枝是银的，枝上结着金刚钻的果实。事成以后，我付给你三倍的工钱。"铁匠开工了，30天双眼未合，一个月炉火不熄。在限定的那一天，皇子仓石来取樱桃枝了。他一看银光闪闪的樱桃枝，就别提心里有多么高兴了。拿着樱桃树枝，他急急忙忙奔向老工匠的家，而付给铁匠的工钱呢？——对不起！早忘到九霄云外去了。皇子仓石来到老工匠家里，老工匠和山竹子在门槛边上编着竹篮。仓石把樱桃枝献到山竹子裙下，就不顾羞耻地信口开河说：“为了采折这根无价的樱桃枝，我不畏千难万险，不怕惊涛骇浪，乘船在海上漂浮了40天，台风吹折了桅杆，巨浪冲毁了船舷，由于我毫不畏惧顶风破浪地向前、向前。第41天，我看到船的正前方浮动着一座高山，山巅高耸入云。我鼓足劲头登山，一直到了山顶，才找到那棵奇异的樱桃树：树身是金的，树枝是银的，果实是金刚钻的。三只斑斓的猛虎看守着它。它们看到我，咆哮着，向我猛扑过来。这时，我的心里只铭记着你的嘱咐，早把生死置之度外。我抽出利剑，左砍右刺，苦战半日，终于割下了一只老虎的头，砍断了另一只老虎的脚掌，第三只老虎夹着受伤的尾巴逃走了。我就折了一根结钻石果实的樱桃枝，带回来献给你，当做聘礼。依照以前的约定，我们今天就举行婚礼吧！”老工匠听过皇子仓石的叙述，深受感动，他说：“这位高贵的皇子用他的行动证实了，他的确是一位勇敢和忠实的人，现在我去请客人来参加婚礼吧！”

笃郎前脚还没有跨出门槛，门口来了年轻的铁匠，他向皇子仓石施了一礼，说：“尊贵的皇子阁下，你以前许下诺言，我若打成樱桃枝，你就付给我3倍的工钱。可是你忘了，一个子儿也没有给我。既然如此，樱桃枝还应该属于我。”

铁匠双手捧起樱桃枝，对山竹子说："我把它献给你，表示我对你的深情。"说完，铁匠又回铺子里去了。山竹子接过樱桃枝，贴近自己的心口，对仓石说："我不想成为骗子的妻子，请你离开这儿吧！"仓石羞愧难当，用扇子遮住脸孔，连忙溜之大吉了。他刚刚溜走，就来了皇子道大。他对山竹子说："我是赶来参加婚礼的，显贵的新娘在哪儿？可敬的新郎在哪儿？""仓石是个胆小鬼、骗子！"山竹子回答道，"我永远不会嫁给他的。""那就嫁给我吧！我才是真正的勇士和正人君子。""空说无凭，用行动来证明吧！"山竹子截断了道大的话，说，"海的西南面有一个幅员辽阔的国度，它就是中国。在中国东海岸边，有一对金鸟儿，它们只有小指甲那么大，小翅上各有1万根鸿毛。一条10

39

个头的凶龙日夜看守着它们。如果你是真正的勇士和君子,那么去把这一对金鸟儿取回来作聘礼吧!""给我 100 天期限。你就等我的好消息吧!"道大坚定地回答。这位道大倒真的是比前二位强一些,他果真坐上船驶向中国。海面风平浪静。道大航行了两天,海不扬波。第三天,道大忍不住吹起牛了:"我道大是个货真价实的勇士,无所畏惧,海龙王,它算什么?它碰到我手上,我非割下它的头不可。要拿到一对金鸟儿,易如反掌。"

海龙王听到这话大怒。霎时间天昏地暗,狂风掀起恶浪冲过来了!道大的船眼看要翻了。道大吓得面无人色,浑身像筛糠似的抖着。他连忙跪下来祷告:"饶恕我吧,龙王。小的愚昧无知,说了错话,饶了我这条狗命吧,我不敢再去想金鸟儿,也不敢再去想山竹子了。"海龙王听了胆小鬼的祈求,动了怜悯的心。它息了怒气,天空中风停云散了,浪涛也平静了下来。但是船却早就被吹转了头,在海上继续航行着,晚上,船靠了岸。山后升起了明月,道大上岸一看,吃了一惊,原来船又回到了出发的地点——山竹子住的村庄。"且慢!"道大犹豫了,"我曾向山竹子夸下海口,要把金鸟儿带回来给她。可是如今怎么向她交代呢?难道去承认这次出丑的航行?不,不!山竹子是不愿做胆小鬼的妻子的。"突然,一阵铁锤声把道大从沉思中惊醒。

"是铁匠!天还没亮,他就开始干活了。"道大灵机一动,"对,找铁匠去!"道大快步流星地向打铁铺走去。

"你替我打一对金鸟儿吧!"他吩咐铁匠道,"像小指甲那么大,小翅上要有 1 万根鸿毛。事成以后,我赏赐给你优厚的工钱,决不食言!"铁匠手不停锤,炉不熄火。经过 3 个月的辛苦劳动,终于打好了一对金鸟儿:就像小指甲那么大,每只小翅上有 1 万根鸿毛。金光闪闪的小鸟站在铁匠手里,就像活的一样,好像马上就要从铁匠手里飞起来一般。

金鸟儿刚打好,道大就来了,他急不可耐地从铁匠手里接过这一对金鸟儿,连一句客气话没说,转身就奔山竹子家去了。他把金鸟儿献给山竹子,说:"我完成了你的吩咐,你也应该兑现诺言,我们今天结婚吧!"

"可是,"山竹子说,"我很想听一听,你是怎样西渡中国去取得这对金鸟儿的。"道大双眼一眨,谎话也就像开了闸的河水一涌而出:"我的船向西航行了 40 天，一路上战风斗浪，千辛万苦，第 41 天，我登上了中国的海岸。在那里我看到了一条 10 个头的凶龙。经过激烈的血战，终于砍下了它的 9 个头。正当我挥剑要把它最后一个头砍下来的时候，胆小的龙王跪下来哀求道：'饶了我的命吧，你把金鸟儿带走吧！'我可怜了它，饶恕了它并留下它一条狗命！把金鸟儿带回来……"道大还没有讲完，门口来了年轻的铁匠："尊敬的道大皇子阁下！我为你打的这一对小金鸟，你答应过给我优厚的报酬，可是你一文钱也没给，你既然不讲信用，那么金鸟儿就应该属于我。"

铁匠双手捧起金鸟，献给山竹子："我把这一对金鸟儿献给你，愿我们像这对金鸟，永不分离。"

山竹子激动地站起来，走到铁匠身边，亲热地和他并肩站着，对道大说道："我不愿意成为胆小鬼和骗子的妻子，请你离开这儿吧！"没等山竹子下完逐客令，道大就识趣地溜走了。山竹子幸福地笑了。她对铁匠说："别看这些显贵的皇子衣冠楚楚，道貌岸然，他们都是一些心地肮脏的胆小鬼和骗子。你是一个心灵手巧、勤劳诚实的人，让我们在一起生活吧！"

她的话刚说完，明亮的太阳消失了，在漆黑的天空里，升起一轮阴森森的月亮。山竹子跑出门来一看，她惊骇地拍拍手，泪流满面，说："我知道了，这是月神发怒了，她不准我和地面上的人相爱，命令我立即返回月宫。""不，不，我们要永远在一起！"铁匠挥着铁锤发誓："我要日日夜夜守卫着你。绝对不让月神把你带走。"山竹子什么也没有说，只是绝望地摇摇头。山竹子和她的老父亲走进屋子歇息，年轻的铁匠守卫在门口。可是神通广大的月神把阴森森的银光照到铁匠身上，铁匠立即睡着了。深夜，月神派她的喽啰要来把山竹子带走。喽啰们腾云驾雾飞向茅屋。他们轻易地打开了紧闭着的大门，闯入了山竹子的家。山竹子从梦中惊醒，倔强地说："我不回月宫，我要留在地面上，和铁匠在一起，决不分离。"月神的喽啰，拿出一个精美的盒子，狡猾地说："仁慈的月神答应让你们结婚了，你看，这是月神送的贺礼。"他们把盒子打开，里面有一件银光闪闪的衣裳，比皇后的盛装还漂亮。山竹子轻信了这些鬼话，放心地穿上了这件美丽的衣裳。结果中计了，这不是一件普通的衣裳，而是一件魔衣。谁穿上它，就会立即忘却往事。只有太阳的光芒才能解除它的魔力。山竹子一穿上魔衣，就忘记了她的老父亲，也忘记了心爱的铁匠。月神派来的喽啰让山竹子坐在云朵上，离开了地面，向广阔的天空飞升。

　　就在这一瞬间，铁匠醒来了，他跑进屋里，屋里只剩下老工匠，不见了山竹子。

　　铁匠慌忙跑出门来，抬头看了看，有一朵云正离开地面，慢慢向天空飞升。他立即明白了，山竹子让月神派来的喽啰带走了。愤怒的铁匠拿着铁锤，紧追在云朵后面，他追了好几个钟头，还是没有追上。正在这时，那朵云停在一座高山的峰顶，铁匠快步登上山顶大叫："山竹子，山竹子！我救你来了！"但是，那朵云又飞起来了，飞快地飞向月宫。铁匠无可奈何，悲痛欲绝。他绝望地用铁锤猛击山头，发泄心头的愤怒。山头裂开了，从裂缝里喷出冲天的火焰，直向云彩烧去。云彩被火烧着了，月神的喽啰们全被烧死了，只有山竹子平安无事，魔衣保护着她。山竹子掉下来，落在高山顶上。铁匠快乐地奔到她的身边，拉着她叫道："快跑，快离开这儿，快躲起来，再过一会儿，月神还会派喽啰来追捕你的。"但是，可怜的山竹子穿着魔衣，她忘记了铁匠。看着铁匠，就像看着陌生人一样。"你是什么人？"山竹子生气地推开铁匠，说，"快滚开，你拉着我想干什么？"不幸的铁匠心情实在难以形容，他满怀痛苦地跳进山头的裂缝里去了。就在这一刹那，太阳升起来了，它金色的光芒照射着山竹子穿的魔衣，魔衣的力量消失了，山竹子立刻记起了一切：月神的喽啰是如何把她带走，铁匠又是如何把她拯救出来，而她又是如何粗暴地把铁匠推开，铁匠又是如何绝望地跳进山头的裂缝里去。她悲痛地惨叫一声："心爱的铁匠，等着我，我要和你一起去！"山竹子的惨叫声还在半空中回荡着，她也跳进山头的裂缝里去了。

自山竹子和铁匠从地面上消失以后，岁月已经过去了1万年。可是，人们却还记得他们。许多人都说，山竹子和铁匠并没有死，他们避开了月神，还幸福地生活在地下宫殿里。当他们生火做饭的时候，山头的裂缝里就喷出一股火焰，升起袅袅的炊烟。

　　从此以后，人们就把这座大山叫做富士山，意思就是不死的山。

　　这座屹立在本州中南部的富士山是日本最高的山峰，海拔3776米，山峰高耸入云，山巅白雪皑皑。

　　富士山被日本人民誉为"圣岳"，是日本民族的象征。它东距东京约80千米，跨静冈、山梨两县，面积为90.76平方千米。整个山体呈圆锥状，一眼望去，恰似一把悬空倒挂的扇子，日本诗人曾用"玉扇倒悬东海天""富士白雪映朝阳"等诗句赞美它。富士山四周有剑峰、白山岳、久须志岳、大日岳、伊豆岳、成就岳、驹岳和三岳等"富士八峰"。

　　富士山是一座休眠火山。据传是公元前286年因地震而形成的。自公元781年有文字记载以来，共喷发过18次，最后一次是1707年，此后变成休眠火山。

　　由于火山口的喷发，富士山在山麓处形成了无数山洞，有的山洞至今仍有喷气现象。最美的富岳风穴内的洞壁上结满钟乳石似的冰柱，终年不化，被视为罕见的奇观。山顶上有大小两个火山口，大火山口，直径约800米、深200米。天气晴朗时，在山顶看日出、观云海是世界各国游客来日本必不可少的游览项目。

　　富士山的北麓有富士五湖。从东向西分别为山中湖、河口湖、西湖、精进湖和本栖湖。山中湖最大，面积为6.75平方千米。湖畔有许多运动设施，可以打网球、滑水、垂钓、露营、划船等。湖东南的忍野村，有涌池、镜池等8个池塘，总称"忍野八海"，与山中湖相通。河口湖是五湖中开发最早的，这里交通十分便利，已成为五湖观光的中心。湖中的鹈岛是五湖中唯一的岛屿。岛上有一专门保佑孕妇安产的神社。湖上还有长达1260米的跨湖大桥。河口湖中所映的富士山倒影，被称作富士山奇景之一。

西湖又名西海，是五湖中环境最安静的一个湖。据传，西湖与精进湖原本是相连的，后因富士山喷发而分成两个湖，但这两个湖底至今仍是相通的。岸边有红叶台、青木原树海、鸣泽冰穴、足和田山等风景区。精进湖是富士五湖中最小的一个湖，但其风格却最为独特，湖岸有许多高耸的悬崖，地势复杂。本栖湖水最深，最深处达126米。湖面终年不结冰，呈深蓝色，透着深不可测的神秘色彩。

富士山的南麓是一片辽阔的高原地带，绿草如茵，为牛羊成群的观光牧场。山的西南麓有著名的白系瀑布和音止瀑布。白系瀑布落差26米，从岩壁上分成十余条细流，似无数白练自空而降，形成一个宽130多米的雨帘，颇为壮观。音止瀑布则似一根巨柱从高处冲击而下，声如雷鸣，震天动地。富士山也称得上是一座天然植物园，山上的各种植物有2000余种。

在静冈县裾野市的富士山麓，还辟有富士游猎公园，面积74万平方米，豢养着40种1000多头野生动物，仅狮子就30多头。游人可驾驶汽车，在公园内观赏放养的各种动物。

此外，富士山区还设有幻想旅行馆、昆虫博物馆、自然科学厅、奇石博物馆、富士博物馆、大型科学馆、植物园、野鸟园、野猴公园和各种体育、游艺场所等。

坐落在顶峰上的圣庙——久须志神社和浅间神社，是富士箱根伊豆国立公园的主要风景区，也是游人常到之地。每年夏季，到山顶神社观光的国内外游客数以千计。

风景独特——阿寒町

在阿寒町舌头辛、布伏内等村落的遗迹中，考古学家发现了8000～5000年前土器与爱奴人骨骸，证实阿寒从8000年前就有人类居住，至今约万年间，此地一直是北海道原住民爱奴人的主要居住地之一。1804年（文化元年），爱奴人居住的"虾夷"正式被纳入日本行政版图，并更名为"北海道"。而阿寒地区的附按舌头辛村、彻村、苏牛村等爱奴地名，也首见于文献之中。

1887年（明治二十年），随着移入的日本人越来越多与煤矿的发现，政府将此地规划为阿寒町，设有官员管辖，并试着与北海道原住民爱奴族融合。1889年（明治二十二年）开始设置矿区，1896年（明治二十九年）正式开采，当时以16人为单位的产能是每个月120吨，而同一时期也开始发掘雌阿寒岳的硫黄矿。

昭和二十年代，被称呼为"黑色钻石"的煤，为北海道带来了空前荣景。为了更方便煤与人的运输，1919年（大正八年）成立了后来更名为雄炭矿株式会社的北海炭矿铁路株式会社，并于两年后的1923年（大正十二年一月）铺设了与山路连接的铁路。煤矿与铁路带来了更多的人口、住宅与商店，矿业公司也发展出直属的机械电器制造与销售业，提供新的工作机会。不过在现代能源由煤转向石油、电力的趋势影响下，1971年（昭和四十五年）煤矿封山，也让部分依赖矿业维生的村庄，人口急速外流。

1893年（明治二十六年）在阿寒湖、松浦湖畔等地发现珍贵的球藻，加上部分采矿业者转型开设红鲤孵化养殖场，美丽的风光加上美味的食物，使得观光人数陆续增加。阿寒也从1906年（明治三十九年）以后逐渐转型，1924年（大正十三年）球藻国道工程完工、两年后伊藤巴士开始在阿寒境内行驶，让交通更便捷。而1930年（昭和五年）完成的阿寒横断道路，与耗时九年筹设完成的阿寒国立公园，配合上业者兴建的温泉旅馆，阿寒成为一座完全的观光城市。近年来阿寒致力于乳酪畜牧业的发展，以求达成食物自给自足的目的，设法成为"人与自然交融的北方轻井泽"。

阿寒国立公园是由北海道东部中央的雌阿寒岳、雄阿寒岳和阿寒富士等火山群组成的山岳公园，园区包括阿寒、屈斜路和摩周三个著名的火山湖。其中阿寒湖是坐落海拔420米处的火山湖泊，恰好位于雌阿寒岳（Me-Akan）和雄阿寒岳（O-Akan）之间，湖周长约26千米，是略呈三角形的不规则状蓝绿色湖泊，湖边有暖意洋溢的温泉和雄伟壮观的原生森林，景色优美。

由于地处内陆地区，阿寒国家公园早晚温差很大。夏天白天气温度偶尔会高达30℃，但因早晚有辐射冷却现象，因此入夜后气温常骤降10℃以上，清晨时分则可以欣赏到云海景观；入冬之后，整个国家公园是一片雪白，积雪极深，湖畔或温泉区蒸汽之故，还可观赏到结冻在树枝上的晶亮冰珠，也就是一般所说的"树挂"。

东岸是秀丽雄伟阿寒岳的阿寒湖，夏季热门的旅游方式是乘船游湖去看特别天然纪念物：绿色的球藻；冬季则是在结冰的湖面上举行嘉年华会，以及搭乘雪地电车、观赏烟火大会。公园内三座火山湖中，最东边的摩周湖，清澈透明度为世界第一，与周围青碧的虾夷松、冷杉原始森林共同构成一幅雄浑壮丽的自然景观，一年四季皆吸引游客前来。

除了美丽迷人、四季景色变化更迭的大自然景色之外，阿寒国家公园中还有北海道原住居民爱奴人的部落（爱奴语称之为Kotan），可以接触到这个古老民族的传统舞蹈与生活文化。此外，透过露营、搭橡皮艇、骑高山摩托车等户外运动，喜欢野外生活的人，还能享受亲近大自然的无比乐趣。不想辛苦跋涉、喜欢舒服泡汤的游客，阿寒湖畔的温泉街，就是最好的选择。

阿寒町虽然坐落高纬度山区，一年四季温度相对较低，但是类似盆地的地形加上温泉的作用，夏天偶尔也会出现30℃的高温；冬季时，周围都是积雪极深的高山，加上纬度关系，最低温也曾达到-30℃。不过，阿寒町最适合旅行的月份是5—10月，温度基本上都相当适中，温差还不至于太悬殊。

闻名世界——特洛伊城

在一天夜里，特洛伊人举行饮宴和庆祝。他们吹奏笛子，弹着竖琴，唱起欢乐的歌。大家一次又一次地斟满美酒，一饮而尽。士兵们喝得醉醺醺的，昏昏欲睡，完全解除了戒备。跟特洛伊人一起饮宴的西农也假装不胜酒力睡着了。深夜，他起了床，偷偷地摸出城门，燃起了火把，并高举着不断晃动，向远方发出了约定的信号。然后，他熄灭了火把，潜近木马，轻轻地敲了敲马腹。英雄们听到了声音，但奥德修斯提醒大家别急躁，尽量小声地出去。他轻轻地拉开门栓，探出脑袋，朝周围窥视一阵，发现特洛伊人都已经入睡。于是，他又悄悄地放下厄珀俄斯预先安置好的木梯，走了下来。其他的英雄也跟在他后面一个个地走下来，心儿紧张得怦怦直跳。他们到了外面便挥舞着长矛，拔出宝剑，分散到城里的每条街道上，对酒醉和昏睡的特洛伊人大肆屠杀。他们把火把扔进特洛伊人的住房里，不一会儿，屋顶着火，火势蔓延，全城成了一片火海。

隐蔽在忒涅多斯岛附近的希腊人看到西农发出了火把信号，立即拔锚起航，乘着顺风飞快地驶到赫勒持滂，上了岸。全体战士很快从特洛伊人拆毁城墙让木马通过的缺口里冲进了城里。被占领的特洛伊城变成了废墟。到处是哭喊声和悲叫声，到处是尸体。残废和受伤的人在死尸上爬行，仍在奔跑的人也从背后被枪刺死。受了惊吓的狗的吼叫声，垂死者的呻吟声，妇女儿童的啼哭声交织在一起，又凄惨又恐怖。

但希腊人也遭到重大的损失，因为尽管大部分敌人都来不及拿起武器，但他们仍然拼死搏斗。有的人扔杯子，有的人掷桌子，或者抓起灶膛里的柴火，或者拿起叉子和斧子，或者拿起手头所能抓到的任何东西，攻击冲来的丹内阿人。这时希腊人围攻普里阿摩斯的城堡，许多全副武装的特洛伊人潮水般冲出来，进行殊死而又绝望的拼杀。

战斗进行时，已在深夜，但房屋上燃烧的火焰，阿开亚人手持的火把，把全城照耀得如同白昼。整座城市成了一片战场。战斗越来越激烈，越来越残酷。

涅俄普托勒摩斯把普里阿摩斯视为仇敌，他一连杀死他的三个儿子，其中包括那个敢向他的父亲阿喀琉斯挑战的阿革诺耳。后来，他又遇到了威严的国王普里阿摩斯，这老人正在宙斯神坛前祈祷。涅俄普托勒摩斯一见大喜，举起宝剑，扑了过来。普里阿摩斯毫无惧色地看着涅俄普托勒摩斯，平静地说："杀死我吧！勇敢的阿喀琉斯的儿子！我已经受尽了折磨，我亲眼看到我的儿子一个个死了。我也用不着再看到明天的阳光了！"

"老头子，"涅俄普托勒摩斯回答说，"你劝我做的，正是我想做的！"说完，他挥剑砍下国王的头颅。希腊的普通战士杀人更为残酷。他们在王宫内发现了赫克托耳的小儿子阿斯提阿那克斯。他们从他母亲的怀里把他抢去，充满对赫克托耳及其家族的仇恨，把孩子从城楼上摔了下去。孩子的母亲朝着他们大声哭叫："你们为什么不把我也推下去，或者把我扔进火堆里？自从阿喀琉斯杀死我的丈夫之后，我只是为了这个孩子才活着。请你们动手吧，结束我的生命吧！"可是他们都不听她的话，又冲到别处去了。

死神到处游荡，只是没有进入一所房子，那里住着特洛伊的老人安忒诺尔。因为墨涅拉俄斯和奥德修斯作为使者来到特洛伊城时，曾经受过他的庇护，并受到热情的款待，所以丹内阿人没有杀死他，并让他保留所有的财产。

几天前，杰出的英雄埃涅阿斯还奋勇地在城墙上打退了敌人的进攻。可是，当他看到特洛伊城火光冲天，经过多时的拼杀仍然不能击退敌人时，他就好像一个历经风暴的勇敢的水手一样，因见大船快要沉没，便跳上一只小船，自求活命去了。他把年迈的父亲安喀塞斯背在背上，牵住儿子阿斯卡尼俄斯的手，匆忙逃了出去。孩子紧紧地靠在父亲身旁，几乎脚不沾地地跟着父亲跳过许多尸体。埃涅阿斯的母亲阿佛洛狄忒也紧紧跟随，保护她的儿子。一路上火焰避让，烟雾让道，丹内阿人射出的箭和投掷的矛都偏离目标落到地下。埃涅阿斯成了唯一带着老小逃出城市的人。

墨涅拉俄斯在不忠贞的妻子海伦的房前遇到得伊福玻斯，他是普里阿摩斯的儿子。自从赫克托耳死了以后，他成了家族和民族的重要支柱。帕里斯死后，海伦嫁给他为妻。他在晚宴后醉醺醺地听到阿特柔斯的儿子们杀来的消息，便跌跌撞撞地穿过宫殿的走廊，准备逃走。墨涅拉俄斯追上去，一枪刺入他的后背，"你就死在我妻子的门前吧！"墨涅拉俄斯吼道，声震如雷，"我多希望能亲手杀死帕里斯！任何罪人都不能从正义女神忒弥斯的手下逃脱！"

墨涅拉俄斯把尸体踢到一边，沿着宫殿的走廊走去，到处搜寻海伦，心里充满了对结发妻子海伦的矛盾感情。海伦由于害怕丈夫发怒而浑身发抖，她悄悄地躲在昏暗的角落里，过了好久才被丈夫墨涅拉俄斯发现。看到妻子就在眼前时，墨涅拉俄斯妒意大发，恨不得把她一剑砍死，但阿佛洛狄忒已经使她更加妩媚，美丽，并打落了他手里的宝剑，平息了他心里的怒气，唤起他心中的旧情。顿时，墨涅拉俄斯忘记了妻子的一切过错。突然，他听到身后亚各斯人的威严的喊乐声，他又感到羞愧，觉得不贞的海伦使他丧失了脸面。他又硬起心肠，捡起地上的宝剑，朝妻子一步步逼近。但是在心里，他还是不忍心杀死她。因此，当他的兄弟阿伽门农来到时，他体面地住了手。阿伽门农拍着他的肩膀对他说："兄弟，放下武器！你不能杀死自己的妻子。我们为了她受尽了苦难。在这件事上，比起帕里斯，她的罪过就轻多了。帕里斯破坏了宾主的法规，连猪狗都不如。他，他的家族，甚至他的人民都为此受到了惩罚，遭到了毁灭！"

墨涅拉俄斯听从了劝告，表面上装着不愿意的样子，心里却很高兴。后来，他与海伦一同回到斯巴达。墨涅拉俄斯死后，她被驱逐到罗德岛。

当大地上正在大肆屠杀时，天上的神祇用乌云遮掩起来，悲叹特洛伊城的陷落。只有特洛伊人的死敌赫拉，以及阵亡的阿喀琉斯的母亲忒提斯心满意足地大声欢呼。但是，即使希望特洛伊失败的帕拉斯·雅典娜也忍不住淌下了眼泪，因为她看见埃阿斯竟然进入她的神庙，一把抓住她的女祭司卡珊德拉的头发，把她拖了出去。女神虽然没法援救她的敌人的女儿，可是她的双颊却因愤怒和羞愧而发烧。她的神像嘎嘎作响，使神庙下的地基都震动起来。她发誓要报复他，因为他犯了亵渎之罪。

大火，屠杀延续了很长时间。熊熊的火柱直冲天空，宣告不幸的特洛伊城的毁灭。特洛伊城是古代小亚细亚西北地区的城市。位于今土耳其西北的希沙立克，处于联结欧亚的枢纽地带。又称作伊利奥斯、伊利昂（希腊语）或伊利姆（拉丁语）。《荷马史诗》中有关于希腊人与特洛伊人战争的故事。遗址的考古发掘始于1870年。考古学家将特洛伊城址的文化堆积分作9层。从最下层的第一层向上到第五层属青铜时代早期，年代约为公元前3000—公元前1900或公元前1800年，有城堡、王宫等建筑，这时特洛伊已是小亚地区西北部的文化中心。第六层约为公元前1900或公元前1800—公元前1200年，这时北方草原民族入主特洛伊，城墙坚固，城内有许多贵族住宅。这一时期的城市毁于地震。第七层约公元前1200年—公元前1100年，相当于特洛伊战争的年代，前期在文化上继承了第六层的传统，后期发生变化，居民可能来自欧洲。第六层和第七层均属于青铜时代中晚期。第七层和第八层之间，约400年间这里无人居住。最上面的第八层和第九层，分别属于希腊人居住时期和希腊化时期、罗马统治时期。

现今于土耳其有一个名为特洛瓦的小镇位于特洛伊城遗址附近，而该市镇亦受惠于旅游业蓬勃而急速发展。土耳其官方亦将该遗址命名为"特洛伊"。

现时每年皆有数以万计游客到遗址参观旅游。他们多数由伊斯坦布尔乘搭公共汽车，或由恰纳卡莱省首府恰纳卡莱乘搭渡轮前往遗址。游客所见到的是一个被高度商业化的遗址，有着各种商店，广场及游乐设施。亦因为遗址的挖掘工作非常频繁，致使遗址已遭受一定程度破坏。有学者认为，此与遗址发现者海因里希·施里曼的发掘方法有一定关系。由于"特洛伊 VII"时代的城市在较早期的层数，所以他拆毁了许多较后期及前期的建筑（包括所有"特洛伊 II"时代的房屋墙壁），以求展现出"特洛伊 VII"时代的城市风貌。同时，许多其他时代的遗址没有受到任何保护，致使有不少文物被掠走。

一望无际——勒拿河三角洲

勒拿河三角洲占据的地理区十分辽阔，它占地38 073平方千米，庞大的河系分成150多条水道。尽管它是最大的永久性冻土区的三角洲水系，大量的泥沙有规律地顺流冲下来，沉积在三角洲地区，这就意味着三角洲处在不断变化之中。在这远北地区，勒拿河一年中有6—8个月是结冰的，因此这不能为贸易运输广泛使用。但每年的5月—6月，上游来的融冰水使河水猛涨，形成俄语中的Paciiythlia，其字义上的解释是道路泥泞的季节，这个术语意味着完全无法通行。

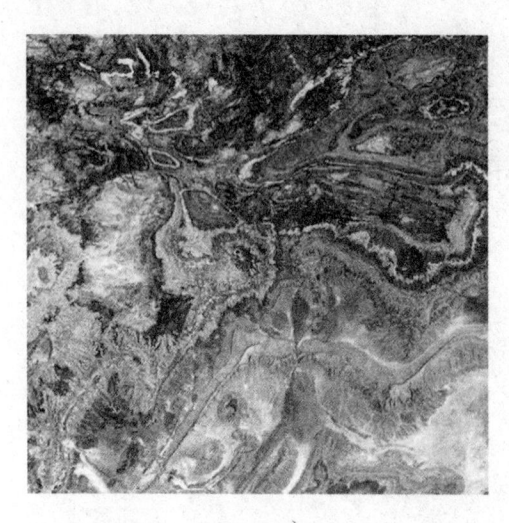

勒拿河同鄂毕河和叶尼塞河一起，都是西伯利亚中部向北流动的宏伟长河，勒拿河发源于贝加尔湖正北的山区，流经4393千米，进入拉普帖夫海和北冰洋。勒拿河是两个不同区域的分界。西部是中西伯利亚高原，是浓密连绵的泰加林分布区，一片由云杉和松树组成的荒野，最多的是落叶松。东部是雄伟的上扬斯克山、孙塔尔哈亚特山和切尔斯基山，生长着难以穿越的雪松林和松林，那里的冬天是除南极洲之外地球上最冷的地方。

从勒拿河源头沿河而下乘2小时的水上快艇可达80千米长的被称为"勒拿柱"的地区。这些垂直的石灰岩悬崖，阻断了连绵广袤的森林。岩柱高183米，被侵蚀成迷人的形状，类似于中世纪教堂的尖塔。继续顺流而下是下勒拿水电

52

站，它靠河流巨大的水力发电。

勒拿河三角洲占据的地理区十分辽阔。

1985年，勒拿河三角洲的广阔地域被定义为乌斯基自然保护区。当时的苏联政府设置这一14 323平方千米的区域用来保护29种哺乳动物、95种鸟类、723种植物，在这为数众多的名单上，有熊、狼、驯鹿、黑貂、西伯利亚鸡貂等，也是诸如贝维基天鹅和罗斯鸥等鸟类的繁殖地。

勒拿河三角洲保护区是俄罗斯面积最大的野生动物保护区，是许多西伯利亚野生动物一个重要的避难所和生息地。

勒拿河周围的泰加带冬天十分严寒，意味着全年生活在此的哺乳动物和鸟类，需要特殊的适应能力，以对付零下的气温。像北极金翅雀和西伯利亚山雀等鸟类有非常浓密的羽毛，当天气变得十分寒冷时，它们蜷缩成一团以保护自身的能量。像赤狐、灰狼、黄鼠狼、貂、水貂、黑貂等哺乳动物发育了特别软、厚的皮毛。黑貂的皮毛特别精细，这些动物常因其皮毛而不幸遭人捕猎。另外一些动物，比如狼还学会了生活在雪下能保持暖空气的地方，而且整个冬天能继续以那些在冬季月份中还能生长的小植物和昆虫为食。

物产丰富——贝加尔湖

贝加尔湖是世界最古老的湖泊之一,大约形成于2500万年前。最早生活在湖边的居民是什么人,现在无从探究。后人只能从他们留下的壁画等物来了解他们的生活方式。在湖岸的萨甘扎巴悬崖壁上刻着天鹅、鹿、狩猎台、跳舞的巫师等图画,这些图画在1881年被发现。另外,在湖岸上,沿着路边还建有许多石祭台。这些图画和祭台可能是早期居民的生活见证。

贝加尔湖最早出现在书面记载中是在公元前110年前,中国汉代的一个官员在其札记中称贝加尔湖为"北海",这可能是贝加尔湖俄语名称的起源。关于贝加尔湖名称来源还有一种简单解释:土耳其族人称贝加尔湖为"富裕之湖",土耳其族语"富裕之湖"逐渐演化成俄语的"贝加尔湖"。公元前6~公元前5世纪,突厥族库雷坎人从东方迁移至贝加尔湖边,他们在这里遇到了土著居民埃文基人(中国称鄂温克人)。埃文基人以捕鱼、采集野果和养鹿为生。13世纪,蒙古后裔布里亚特人也来到贝加尔湖地区。无论是突厥人还是布里亚特人都没能改变埃文基人的生活方式。三个世纪后,1643年,叶尼塞哥萨克库尔巴特·伊万诺夫来到贝加尔湖地区时,布里亚特人已经是贝加尔湖地区的"主人"了。

贝加尔湖中生活着鲨鱼、奥木尔鱼、海螺、贝加尔海豹等海洋生物,只有在靠近湖岸的地方,才生活着一般湖泊中常见的生物。在远离海洋的贝加尔中，这些海洋生物从何而来，至今还没有确切的答案。

在西汉时期，"贝加尔湖"是在匈奴的控制范围之内，名曰"北海"；在东汉、三国和西晋时期，"贝加尔湖"是在鲜卑的控制范围之内，名亦曰"北海"；在东晋十六国时期，"贝加尔湖"改称为"于巳尼大水"；南北朝时期，"贝加尔湖"先被柔然控制，后又被突厥控制，名仍称为"于巳尼大水"；隋朝时期，"贝加尔湖"被东突厥控制，复改称"北海"；到了唐朝前期，"贝加尔湖"成为大唐帝国版图的一部分，归关内道骨利干属，"贝加尔湖"也改称为"小海"；后东突厥（史称后突厥）复国，"贝加尔湖"复归突厥，后又归回鹘所辖，仍称"小海"；宋朝时期，"贝加尔湖"又划入蒙古帝国版图，属"岭北行省"；明朝时期，"贝加尔湖"被瓦剌不里牙惕部控制；直到清朝时期，"贝加尔湖"才被沙俄控制（清朝后期"贝加尔湖"一度称为"柏海儿湖"）。2100多年前，汉武帝击败匈奴，然后派苏武出使匈奴以商谈和约。汉江卫律的部将打算劫走匈奴且鞮单于的母亲，与苏武一道归汉。不料事情败露，苏武也受牵连，被单于流放到"北海"去牧羊。苏武在北海边艰难熬过19年，拒绝了匈奴的多次高官利诱，最后回到汉都长安。这就是流传千百年的"苏武牧羊"的佳话。

苏武牧羊的"北海"并非大海，而是今天的贝加尔湖。我国汉代称之为"柏海"，元代称之为"菊海"，18世纪初的《异域录》称之为"柏海儿湖"，《大清一统志》称为"白哈儿湖"。蒙古人称之为"达赖诺尔"，意为"圣海"，早期沙俄殖民者亦称之为"圣海"。

若想描述贝加尔湖，美好的景物遍地皆是。贝加尔湖约有2000万年历史，是世界上最古老的湖泊（第二古老的坦噶尼喀湖仅有200万年的历史）。它又是世界上最深的淡水湖，水深1620米，比深达1435米的第二深水湖坦噶尼喀湖深185米。湖长635千米，相当于阿伯丁与伦敦之间的距离，最宽处为79千米，最窄处为 25 千米，湖泊岸线总长 1995 千米。

湖面面积 31 492 平方千米，相当于比利时与荷兰两国面积之和，江水面积 545 452 平方千米。尽管其湖面面积排名仅处于较低的第七位，但贝加尔湖的蓄水量达 23 000 立方千米（几乎与美加边境的五大湖总水量一样多），相当于地球表面淡水总量的 20%。

贝加尔湖有 300 多条河流补给，安加拉河是唯一的外流河，最后汇入叶尼塞河，注入比北极圈纬度更高的喀拉海。

贝加尔湖不仅提供了扣人心弦的美景，还供养了令人眼花缭乱的大量的动植物种类繁多，已有记载的就有 2600 多种，令人惊讶的是其中 960 种动物和 400 种植物是贝加尔湖的特有种类。尽管湖泊很深，但湖水充分混合，部分原因是从 411 米深处涌上的热泉的作用。

湖泊拥有 50 多种鱼类，包括像狗鱼和河鲈等人们熟悉的鱼种。但近一半的鱼是杜文鱼和其他特有种类。两种胎生的贝加尔湖鱼通体透明，生活在约 503 米深处的完全黑暗的环境中。大多数鱼类生存于湖泊边缘浅水带。尽管深水区十分辽阔，但只有 5 种鱼成功栖息于该区：Omul（大马哈鱼的近亲）、黄鳍杜文鱼、长鳍杜文鱼以及两种胎生鱼。这 5 种鱼相当于贝加尔湖鱼总量的 75% 以上。

有许多不同种类的无脊椎动物，包括大量分布在湖泊不同深度的 Gammarids 和虾那样的动物，有些生活在水中，另一些潜伏在湖底沉积物中。它们是许多鱼类的主要食物来源。贝加尔湖中发现的最著名而又不可思议的动物无疑是贝加尔海豹。这是另一种特有种类，在湖中茁壮成长，现有 7 万多头海豹，捕食湖中丰富的鱼类资源。

第二章
非洲景观探奇

地球景观探奇

地球景观探奇

无限生机——尼罗河

尼罗河的适度泛滥赐予埃及人民以沃土、丰收和福祉，但洪水的肆虐又不可避免地带来饥馑、死亡和灾难。在尼罗河喜怒无常的背后，古埃及人似乎看到一种无形的力量——神的主宰和摆布。古埃及人的灵感在想象世界里自由驰骋，创造出许多神灵，编织出无数离奇的神话。于是，埃及成了一个神的国度，尼罗河则成了神话的摇篮。在埃及这个众神之国里，大神小神、主神次神、全国性神和地方神，林林总总，不胜枚举。

传说在埃及众神中，瑞神是最大的主神。瑞是在宇宙一片黑暗和混沌时期从太古水中诞生出来的。瑞的双眼成了太阳和月亮，而他眼中滴落的泪水则化成了世间的芸芸众生——无数的男男女女。瑞又创造了空气之神苏和雾气女神特夫内特，他们的结合生下了地神盖布和天神努特。盖布与努特联姻，诞下了俄塞里斯和塞特两兄弟，还有伊希斯和理菲西斯两姐妹。他们之间的恩怨情仇所演绎的故事，是埃及尼罗河地区最脍炙人口的神话。

俄塞里斯当上了国王，他是一位贤明的国君，深受子民的爱戴。弟弟塞特嫉妒他的威望，千方百计谋害他，以图取而代之。一天，他把哥哥诱骗入一个人形金柜里，投入尼罗河。俄塞里斯的妹妹和妻子伊希斯女神携同她的妹妹（也是塞特的妻子）到处寻找，终于从遥远的比布鲁斯找回了俄塞里斯的遗体。

后来，遗体又被塞特偷偷肢解成14块，分别抛撒到尼罗河上、下游各处。伊希斯在妹妹的陪同下又踏上千里寻夫的艰难旅程。伊希斯边寻边哭，眼泪落入尼罗河，竟使久旱缺水的大河又开始涨水了。姐妹俩终于找到了13块尸块，所缺的生殖器一块，她们塑造了一个新的补上。当她们把这些尸块合成原身后，便扇动自己作为神鸟的羽翼为之增添生命的精气。接着，伊希斯女神变成一只小鸟，伏在俄塞里斯身上，采得他的种子，怀了孕，生下了鹰头人身的何露斯。何露斯长大后打败了塞特，夺回了王位，为父亲报了仇。俄塞里斯死而复活后，被众神封为冥界之王和复活之神。

在阿拜多斯，古埃及人为俄塞里斯竖立了一座高高的石碑，年年都有成千上万的朝圣者跋山涉水、千里迢迢前来拜谒，以求死后得以复活。但并非人人都能如愿以偿。俄塞里斯端坐在冥国的法堂上审判亡灵。堂前摆着一具天平，受审者的心脏要经过称量，根据死者身前的善恶功过作出判决，确定是否准予复活。

塞特的罪恶行径受到众神与世人的谴责，他被贬为恶神——沙漠风暴之神，只能与魔鬼为伍。

在埃及，除了人所共知的地上的或者说人间的尼罗河之外，还有所谓天上的和阴间的尼罗河！

女神萨泰特坐在金船里跟随天狼星在天际航行，她的宝石水壶里源源不断地流出的水便形成了一条天上的尼罗河。至于阴间或冥世的尼罗河，则是每天从西方落下的太阳夜里随着死魂灵率领的舰队前去东方（以便第二天早晨准时升起）所航行的河道。随着天狼星的升起，尼罗河的汛期也开始了。这时也正好是埃及人最喜爱的所谓"开年节"（即新年）。这天，人们要向尼罗河献祭、献礼，尼罗河则将帮助人们实现自己的愿望。在阿斯旺北面西里西莱山崖上不

59

大的神庙里，人们向河神哈渼献上纸莎草纸写的礼品清单、鲜花，以及用陶罐盛着的酒、油或牛奶。整个典礼并不十分靡费。

尼罗河是世界第一长河，非洲主河流之父，位于非洲东北部，是一条国际性的河流。尼罗河发源于赤道南部的东非高原上的布隆迪高地，干流流经布隆迪、卢旺达、坦桑尼亚、乌干达、苏丹和埃及等国，最后注入地中海。干流自卡盖拉河源头至入海口，全长6670千米，是世界流程最长的河流。支流还流经肯尼亚、埃塞俄比亚和刚果（金）、厄立特里亚等国的部分地区。流域面积约287万千米，占非洲大陆面积的1/9以上。入海口处年平均径流量810亿立方米。

"尼罗河"一词最早出现于2000多年前。关于它的来源有两种说法：一是来源于拉丁语"尼罗"意思是"不可能"。因为尼罗河中下游地区很早以前就有人居住，但是由于瀑布的阻隔，使得中下游地区的人们认为要了解河源是不可能的，故名尼罗河。二是认为"尼罗河"一词是由古埃及法老（国王）尼罗斯的名字演化来的。

尼罗河是由卡盖拉河、白尼罗河、青尼罗河三条河流汇流而成的。尼罗河下游谷地河三角洲则是人类文明的最早发源地之一，古埃及诞生在此。至今，埃及仍有96%的人口和绝大部分工农业生产集中在这里。因此，尼罗河被视为埃及的生命线。几千年来，尼罗河每年6—10月定期泛滥。8月份河水上涨最高时，淹没了河岸两旁的大片田野，之后人们纷纷迁往高处暂住。10月以后，洪水消退，带来了尼罗河丰沛的土壤。在这些肥沃的土壤上，人们栽培了棉花、小麦、水稻、椰枣等农作物，在干旱的沙漠地区上形成了一条"绿色走廊"。而五千年的文明古国——埃及就在这里创造出辉煌的埃及文化。现今，埃及90%以上的人口均分布在尼罗河沿岸平原和三角洲地区。埃及人称尼罗河是他们的生命之母。

苏丹的尼穆莱以上为上游河段，长1730千米，自上而下分别称为卡盖拉河、维多利亚尼罗河和艾伯特尼罗河。从尼穆莱至喀土穆为尼罗河中游，长1930千米，称为白尼罗河，其中马拉卡勒以上又称杰贝勒河，最大的支流青尼罗河在喀土穆下游汇入。白尼罗河和青尼罗河汇合后称为尼罗河，属下游河段，

长约3000千米。尼罗河穿过撒哈拉沙漠，在开罗以北进入河口三角洲，在三角洲上分成东、西两支注入地中海。

尼罗河最上游是卡盖拉河，它源于东非高原布隆迪境内，下游注入维多利亚湖。湖水经欧文瀑布流入基奥加湖，出湖后名维多利亚尼罗河，又经卡巴雷加瀑布流入阿伯特湖。湖水自北端流出，名阿伯特尼罗河。自尼木累以下名白尼罗河。白尼罗河顺东非高原侧坡北流，河谷深狭，多急滩瀑布。自博尔向北，白尼罗河流入平浅的沼泽盆地，水流缓慢，河中繁生大量以纸草为主的水生植物。白尼罗河向北流出盆地后，先后汇合索巴特河、青尼罗河和阿特巴拉河，以下再无支流。白尼罗河两岸平坦，偶有基岩露出。白、青两尼罗河合流处的周围是吉齐拉平原。合流点以下的河段名尼罗河。尼罗河在喀土穆以北流经沉积岩区。河谷是平底的浅峡谷。瓦迪哈勒法附近的谷地宽仅201米，由此至阿斯旺一段的河谷都很狭窄。阿斯旺以下，河谷展宽，至纳贾哈马迪一带约16千米。河道傍近东岸，河谷平原多在河西。喀土穆至阿斯旺之间有6处瀑布，它们都是由于组成河谷东侧高原的基底结晶岩西延至谷中而造成的。两岸谷壁不对称，东壁高陡，西壁低缓。

白尼罗河发源于赤道多雨区，水量丰富而又稳定。但在流出高原，进入盆地后，由于地势极其平坦，水流异常缓慢，水中繁生的植物也延滞了水流前进，在低纬干燥地区的阳光照射下蒸发强烈，从而损耗了巨额水量，能流到下游的水很少。白尼罗河在与青尼罗河汇合处的年平均流量为每秒890立方米，大约是青尼罗河的一半。尼罗河下游水量主要来自源于埃塞俄比亚高原的索巴特河、青尼罗河和阿特巴拉河，其中以青尼罗河为最重要。索巴特河是白尼罗河支流，它于5月开始涨水，最高水位出现在11月，此时索巴特河水位高于白尼罗河，顶托后者而使其倒灌，从而加强了白尼罗河上游水量的蒸发。青尼罗河发源于埃塞俄比亚高原上的塔纳湖，上游处于热带山地多雨区，水源丰富。由于降水有强烈鲜明的季节性，河水流量的年内变化很大。春季水量有限，6月开始涨水，接着迅猛持续上涨，至9月初达到高峰。在此期间，它也会使白尼罗河形成倒灌。11—12月水位下落，以后即是枯水期。枯水期的最小流量不及每秒100立方米，约为洪水期最大流量的1/60。阿特巴拉河也发源于埃塞俄比亚高原，由于位置偏北，雨量更为集中，加上其流域面积小，所以流量变化更大。冬季断流，河床成为一连串小湖泊。

尼罗河干流的洪水于6月到喀土穆，9月达到最高水位。开罗于10月出现最大洪峰。总计尼罗河的全部水量有60%来自青尼罗河，32%来自白尼罗河，8%来自阿特巴拉河。洪水期青尼罗河占68%，阿特巴拉河占22%，白尼罗河占10%；枯水期白尼罗河占83%，青尼罗河占17%。

尼罗河流域分为七个大区：东非湖区高原、山岳河流区、白尼罗河区、青尼罗河区、阿特巴拉河区、喀土穆以北尼罗河区和尼罗河三角洲。英国探险家约翰·亨宁·斯皮克1862年7月28日发现了尼罗河在——维多利亚湖的"源头"，当时计算河流全长为5588千米，后发现最远的源头是布隆迪东非湖区中的卡盖拉河的发源地。该河北流，经过坦桑尼亚、卢旺达和乌干达，从西边注入非洲第一大湖——维多利亚湖。尼罗河干流就源起该湖，称维多利亚尼罗河。河流穿过基奥加湖和艾伯特湖，流出后称艾伯特尼罗河，该河与索巴特河汇合后，称白尼罗河。另一条源出中央埃塞俄比亚高地的青尼罗河与白尼罗河在苏丹的喀土穆汇合，然后在达迈尔以北接纳最后一条主要支流阿特巴拉河，称尼罗河。尼罗河由此向西北绕了一个S形，经过三个瀑布后注入纳塞尔水库。河水出水库经埃及首都进入尼罗河三角洲后，分成若干支流，最后注入地中海东端。

尼罗河有定期泛滥的特点，在苏丹北部通常5月即开始涨水，8月达到最高水位，以后水位逐渐下降，1—5月为低水位。虽然洪水是有规律发生的，但是水量及涨潮的时间变化很大。产生这种现象的原因是青尼罗河和阿特巴拉河，这两条河的水源来自埃塞俄比亚高原上的季节性暴雨。尼罗河的河水80%以上是由埃塞俄比亚高原提供的，其余的水来自东非高原湖。洪水到来时，会淹没两岸农田，洪水退后，又会留下一层厚厚的河泥，形成肥沃的土壤。四五千年前，埃及人就知道了如何掌握洪水的规律和利用两岸肥沃的土地。很久以来，尼罗河河谷一直是棉田连绵、稻花飘香。在撒哈拉沙漠和阿拉伯沙漠的左右夹持中，蜿蜒的尼罗河犹如一条绿色的走廊，充满着无限的生机。

地球疤痕——东非大裂谷

东非大裂谷是地球这颗行星最大的地质特征之一。从峡谷一侧的断层崖顶部看到的是一览无余的深而平底的峡谷全景，有些地方峡谷太宽以至不能看到远处的一侧。大裂谷的西支从南部靠近莫桑比克海岸的马拉维湖起，向北沿着非洲大湖群到维多利亚湖西岸，延伸约 3057 千米。东非始于维多利亚湖东岸，继续北行约 2574 千米，从坦桑尼亚经肯尼亚进入埃塞俄比亚和被称作"阿法尔三角区"的综合体，这是一个火山和地震高发的地区。裂谷在这里分支：一支继续北上红海，另一支向东伸入亚丁海。

德国气象学家阿尔弗雷德·魏格纳在世纪之交发展了大陆漂移学说，他注意到与红海相对的两岸形成完美的匹配，而且如果把非洲滑向阿拉伯半岛，除也门将叠置在"阿法尔三角区"外，红海可以闭合起来。地质学家现已确认这两个地区的火山岩较红海的年轻，因此这两个地区不可能存在于红海开裂之前；那么这种匹配过去该是完美的。

活跃的裂谷带以地震和火山活动为特征，在非洲裂谷

地球景观探奇

中，"阿法尔三角区"是目前最活跃的部分。这里常有地震，但裂谷的形态尚不够壮观，因为数千年来的火山活动伴随着大量的熔岩喷出，已注满了谷地。近期的火山活动出现于维多利亚湖周围——西侧以乌干达西南部的维龙加山脉为主，东侧集中于坦桑尼亚的北部。坦桑尼亚有伦盖火山，这是唯一的碳酸岩活火山，熔岩就像火山喷发的石灰岩，在喷发后24小时内岩石就变成积雪的颜色。

非洲裂谷的另一主要特征，尤其在西支，是沿着裂谷底部形成断续的线状分布的湖群。坦噶尼喀湖是世界上第二深水湖泊。在其底部有5000多米的沉积物，表明有一段长长的或非常快的断裂历史。裂谷陡峭到令人难以攀登，许多游客将他们的注意力转向具有非洲特征的、丰富的野生动物。恩戈罗恩罗火山口是一个20千米宽的破火山口，它是在约300万年前的一次大爆发中形成的，是非洲最好的野生动物保护区，那里有野生动物中的象、开普水牛、狮子和鬣狗。伦盖火山的北部是纳特龙湖，这是一个很浅的湖泊，部分靠富含苏打的温泉补给，湖中生长着大量藻类，为成千上万粉红色红鹳提供了理想的繁殖地。在伦盖火山和恩戈罗火山之间是奥杜瓦伊峡谷，以人类化石闻名，并被有些人当做是人类的发祥地。

东非大裂谷是怎样形成的呢？据地质学家们考察研究认为，大约3000万年以前，由于强烈的地壳断裂运动，使得同阿拉伯古陆块相分离的大陆漂移运动而形成这个裂谷。那时候，这一地区的地壳处在大运动时期，整个区域出现抬升现象，地壳下面的地幔物质上升分流，产生巨大的张力，正是在这种张力的作用之下，地壳发生大断裂，从而形成裂谷。由于抬升运动不断地进行，地壳的断裂不断产生，地下熔岩不断地涌出，渐渐形成了高大的熔岩高原。高原上的火山则变成众多的山峰，而断裂的下陷地带则成为大裂谷的谷底。

据地球物理勘探资料分析，得出结论认为，东非裂谷带存在着许多活火山，抬升现象迄今仍然在不停地向两翼扩张，虽然速度非常缓慢，近200万年来，平均每年的扩张速度仅仅为2～4厘米，但如果依此不停地发展下去，未来的某一天，东非大裂谷终会将它东面的陆地从非洲大陆分离出去，从而产生一片新的海洋以及众多的岛屿。

东非大裂谷还是人类文明最早的发祥地之一，20世纪50年代末期，在东非大裂谷东支的西侧、坦桑尼亚北部的奥杜韦谷地，发现了一具史前人的头骨化石，据测定分析，生存年代距今足有200万年，这具头骨化石被命名为"东非人"。1972年，在裂谷北段的图尔卡纳湖畔，发掘出一具生存年代已经有290万年的头骨，其形状与现代人十分近似，被认为是已经完成从猿到人过渡阶段的典型的"能人"。1975年，在坦桑尼亚与肯尼亚交界处的裂谷地带，发现了距今已经有350万年的"能人"遗骨，并在硬化的火山灰烬层中发现了一段延续22米的"能人"足印。这说明，早在350万年以前，大裂谷地区已经出现能够直立行走的人，属于人类最早的成员。

东非大裂谷地区的这一系列考古发现证明，昔日被西方殖民主义者说成的"野蛮、贫穷、落后的非洲"，实际上是人类文明的摇篮之一，是一块拥有光辉灿烂古代文明的土地。

在1000多万年前，地壳的断裂作用形成了这一巨大的陷落带。板块构造学说认为，这里是陆块分离的地方，即非洲东部正好处于地幔物质上升流动强烈的地带。在上升流作用下，东非地壳抬升形成高原，上升流向两侧相反方向的分散作用使地壳脆弱部分张裂、断陷而成为裂谷带。张裂的平均速度为每年2～4厘米，这一作用至今一直持续不断地进行着，裂谷带仍在不断地向两侧扩展着。由于这里是地壳运动活跃的地带，因

而多火山地震。

东非大裂谷是纵贯东部非洲的地理奇观，是世界上最大的断层陷落带，有地球的伤疤之称。据说是由于约3000万年前的地壳板块运动，非洲东部地层断裂而形成。有关地理学家预言，未来非洲大陆将沿裂谷断裂成两个大陆板块。

裂谷底部是一片开阔的原野，20多个狭长的湖泊，有如一串串晶莹的蓝宝石，散落在谷底。中部的纳瓦沙湖和纳库鲁湖是鸟类等动物的栖息之地，也是肯尼亚重要的游览区和野生动物保护区，其中的纳瓦沙湖湖面海拔1900米，是裂谷内最高的湖。南部马加迪湖产天然碱，是肯尼亚重要矿产资源。北部图尔卡纳湖，是人类发祥地之一，曾在此发现过260万年前古人类头盖骨化石。东非大裂谷还是一座巨型天然蓄水池，非洲大部分湖泊都集中在这里，大大小小约有30个，例如阿贝湖、沙拉湖、图尔卡纳湖、马加迪湖、维多利亚湖、基奥加湖等，属陆地局部拗陷而成的湖泊，湖水较浅，前者为非洲第一大湖。马拉维湖（长度相当于其最大宽度7倍，最深处达706米，为世界第四深湖）、坦噶尼喀湖（长度相当于其最大宽度的10.3倍，最深处达1470米，为世界第二深湖）等。这些湖泊呈长条状展开，顺裂谷带宫成串珠状，成为东非高原上的一大美景。

这些裂谷带的湖泊，水色湛蓝，辽阔浩荡，千变万化，不仅是旅游观光的胜地，而且湖区水量丰富，湖滨土地肥沃，植被茂盛，野生动物众多，大象、河马、非洲狮、犀牛、羚羊、狐狼、红鹤、秃鹫等都在这里栖息。坦桑尼亚、肯尼亚等国政府，已将这些地方辟为野生动物园或者野生动物自然保护区，比如，位于肯尼亚峡谷省省会纳库鲁近郊的纳库鲁湖，是一个鸟类资源丰富的湖泊，共有鸟类400多种，是肯尼亚重点保护的国家公园。在众多的鸟类之中，有一种名叫弗拉明哥的鸟，被称为世界上最漂亮的鸟，一般情况下，有5万多只火烈鸟聚集在湖区，最多时可达到15万多只。当成千上万只鸟儿在湖面上飞翔或者在湖畔栖息时，远远望去，一片红霞，十分好看。

有许多人在没有见东非大裂谷之前，凭他们的想象认为，那里一定是一条狭长、黑暗、阴森、恐怖的断涧深渊，其间荒草漫漫，怪石嶙峋，荒无人烟。其实，当你来到裂谷之处，展现在眼前的完全是另外一番景象：远处，茂密的原始森林覆盖着绵绵的群峰，山坡上长满了盛开着的紫红色、淡黄色花朵的仙人滨、仙人球；近处，草原广袤，翠绿的灌木丛散落其间，野草青青，花香阵阵，草原深处的几处湖水波光闪，山水之间，白云飘荡。裂谷底部，平平整整，坦坦荡荡，牧草丰美，林木葱茏，生机盎然。

裂谷地带由于雨量充沛，土地肥沃，是肯尼亚主要的农业区。东非大裂谷带湖区，河流从四周高地注入湖泊，湖区雨量充沛，河网稠密，马隆贝湖，马拉维南部湖泊。北距马拉维湖南口仅19千米。长29千米，宽14.5千米，面积420平方千米。水深10～13米。地处东非大裂谷南段，希雷河流贯。原为马拉维湖一部分，因水面下降而分出，富水产，渔业发达，有通航之利。非洲起源说是目前的主流学说。科学家在东非大裂谷地带发现了大量的早期古人类化石，尤其"露西"的骨架化石，同时呈现了人、猿的形态结构特点。东非大裂谷带也是非洲地震最频繁、最强烈的地区。

在肯尼亚境内，裂谷的轮廓非常清晰，它纵贯南北，将这个国家劈为两半，恰好与横穿全国的赤道相交叉，因此，肯尼亚获得了一个十分有趣的称号："东非十字架"。裂谷两侧，断壁悬崖，山峦起伏，犹如高耸的两垛墙，首都内罗毕就坐落在裂谷南端的东"墙"上方。登上悬崖，放眼望去，只见裂谷底部松柏叠翠、深不可测，那一座座死火山就像抛掷在沟壑中的弹丸，串串湖泊宛如闪闪发光的宝石。裂谷东侧的肯尼亚山，海拔5199米，是非洲第二高峰。

这一带是东非大平原，也是非洲地势最高的地方，气候温和凉爽，雨量充沛，山清水秀，物产丰富，盛产茶叶、咖啡、水果、除虫菊、俞麻等。在这里，咖啡豆一年可以采摘两次，茶叶一年内有9个多月可以每半个月采摘一次，除虫菊全年中可以每10～14天采摘一次，而俞麻成熟后天天可以收割。

地球景观探奇

广阔奇特——撒哈拉沙漠

1974年，三毛与荷西在撒哈拉沙漠结婚，白手成家，她的文学创作生涯从此开启。

撒哈拉大沙漠横贯非洲北部，从埃及和苏丹到毛里塔尼亚的西海岸和西撒哈拉，延伸5149千米。它是世界上最大的沙漠，覆盖面积9 269 594平方千米。

撒哈拉这个名字引发人们对太阳烧烤下无垠的黄色沙丘的想象，但它偶尔被珠宝似的绿洲所阻隔。辽阔的撒哈拉地区几乎包蕴了各种沙漠地形：有布满破碎岩石的光裸的岩石高原、奇特的地质构造和焦干的灌丛地。

撒哈拉是干旱的，许多地方的年降水量不足25毫米。大部分沙漠深居内陆，所以盛行风在到达内陆之前已释除了水汽。位于沙漠和海洋之间的山脉也能使气流在到达内陆之前先成云致雨。天空中很少有云，沙漠中白昼极其炎热。

撒哈拉最知名的地区是与第二次世界大战北非战场联系在一起的沙丘区。这大片滚动的沙浪称为沙质沙漠，占地面积10万多平方千米。有些地方，大沙丘流动性很高，在风的驱使下每年以11米的速度向前滚动。绿洲一直处在勇往直前的、令人窒息的沙潮的威胁中。但在另一些地区，沙丘看上去几千年来从未移动，沙丘之间的干沟成为商队的永久通道。

因为撒哈拉十分干旱，所以没有农耕，游牧部落依然带着他们的小群牲畜游荡。少量绿洲周围有混合农业经营，但大部分沙漠从经济意义上讲是没有产出的。近年来，对撒哈拉边缘地区的"沙漠化"过程的关心正日趋增长。当不恰当的农业方式，与干旱的风暴等自然因素相结合时，就发生沙漠化过程，沙漠开始向可耕地推进。天然植被一经铲除，肥沃的土壤就变得松散，随之又受到干旱的焙烤；风把它像尘土一样吹走，在那些曾种庄稼的地方就形成了沙漠。

从公元前2500年开始，撒哈拉已经变成和目前状态一样的大沙漠，成为当时人类无法逾越的障碍，仅仅在绿洲有一些居民，商业往来很少能穿越沙漠。只有尼罗河谷是一个例外，由于有充分的水源，这里成为植物生长繁茂的区域，也成为人类文明的发源地之一。但是尼罗河有几个无法通航的大瀑布，也为商业贸易造成很大的障碍。不过埃及还是能够通过这里将铁器技术，也许还有帝王的观念传播到南方的努比亚以及更靠南的地方。

到了公元前500年时，古希腊和腓尼基人开始对这一地区产生影响，希腊商人顺着沙漠东部的边缘地带开发商机，在红海沿岸建立了许多商业殖民地。迦太基则沿着大西洋沿岸在沙漠西部开发，但是由于大西洋风波险恶，也没有充分的市场，所以他们的探索从没有超过现在摩洛哥所在的范围。中央集权的国家只分布在沙漠的北部和东部边缘，他们的权力达不到沙漠腹地，所以这些生活在沙漠边缘的人经常受到在沙漠中游牧的柏柏尔人的袭击。

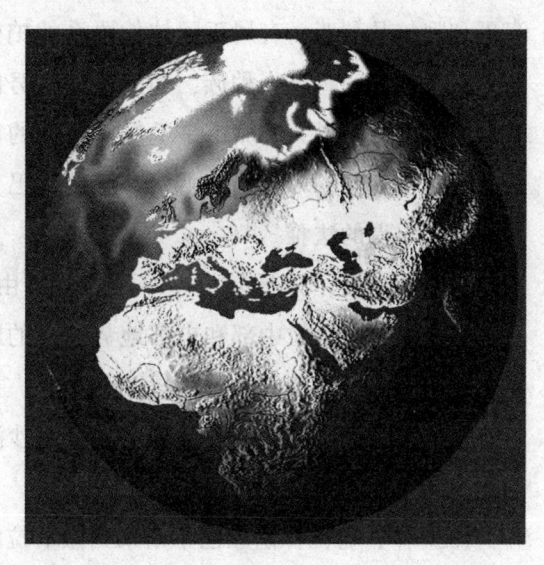

撒哈拉沙漠历史上最大的变化，来源于入侵的阿拉伯人带来的骆驼，它们使贸易往来可以穿越沙漠，北方地中海沿岸的酋长们将马匹和工艺品运到南方，南方的萨赫尔王国由于出口黄金和盐而变得富裕强大。沙漠中的绿洲成为商业中心，逐渐被北方的酋长们控制起来了。

这种状态持续了几个世纪，直到欧洲人发明了大帆船，首先是葡萄牙人绕过撒哈拉去掠取几内亚的资源，然后是其他欧洲国家紧跟其后，撒哈拉很快就失去了商业价值。

虽然殖民者们忽视了撒哈拉沙漠的价值，但现代却发现很多有价值的矿藏，包括阿尔及利亚和利比亚的油气资源，摩洛哥和西撒哈拉的磷矿。

从50万年前开始，就有人类在撒哈拉沙漠边缘生活。在上一个冰河时期，撒哈拉还不是一个沙漠，气候类似于现在的东非，在沙漠地带发现了大约3万幅古代的岩画，其中有一半左右在阿尔及利亚南部的恩阿杰尔高原，描绘的都是河流中的动物，如鳄鱼等。同时也发现过恐龙的化石。但现在的撒哈拉自从公元前3000年起，除了尼罗河谷和分散在沙漠中的绿洲附近，已经几乎没有大面积的植被存在了。

现在还有大约250万人生活在撒哈拉范围内，主要分布在毛里塔尼亚、摩洛哥和阿尔及利亚，有属于阿拉伯语系的柏柏尔人，图阿雷格人，撒哈威人和摩尔人；以及一些黑人种族，如图布人，努比亚人，萨哈威人和卡努里人。在撒哈拉范围内，最大的城市是毛里塔尼亚的首都努瓦克肖特，此外比较重要的还有阿尔及利亚的塔曼腊塞特，马里的廷巴克图，尼日尔的阿加德兹，利比亚的加特和乍得的法雅。

撒哈拉沙漠干旱地貌类型多种多样。由石漠（岩漠）、砾漠和沙漠组成。石漠多分布在撒哈拉中部和东部地势较高的地区，尼罗河以东的努比亚沙漠主要也是石漠。砾漠多见于石漠与沙漠之间，主要分布在利比亚沙漠的石质地区、阿特拉斯山、库西山等山前冲积扇地带。沙漠的面积最为广阔，除少数较高的山地、高原外，到处都有大面积分布。

1850年，德国探险家巴尔斯来到撒哈拉沙漠进行考察，无意中发现岩壁上刻有鸵鸟、水牛及各式各样的人物像。1933年，法国骑兵队来到撒哈拉沙漠，偶然在沙漠中部塔西利台、恩阿哲尔高原上发现了长达数千米的壁画群，全绘在受水侵蚀而形成的岩阴上，五颜六色、色彩雅致、调和，表现出了远古人们生活的情景。

壁画群中动物形象颇多，千姿百态，各具特色。动物受惊后四蹄腾空、势若飞行、到处狂奔的紧张场面，形象栩栩如生，创作技艺非常精湛，可以与同时代的任何国家杰出的壁画艺术作品相媲美。从这些动物图像可以相当可靠地推想出古代撒哈拉地区的自然面貌。如一些壁画上有划着独木舟捕猎河马的，这说明撒哈拉曾有过水流不绝的江河。

人们不仅对这些壁画的绘制年代难以稽考，而且对壁画中那些奇怪形状的形象也茫然无知，成为人类文明史上的一个谜。

根据在撒哈拉沙漠发现的岩画，可以将这些不同的岩画分为几个阶段：

（1）水牛时期，大约从3.5万年以前至公元前8000年。这时期的岩画大约产生于公元前10 000年至公元前8000年，是用一些目前已经在当地绝迹的动物奶汁混合颜料画在岩石上的，这些动物包括有水牛、象、河马和犀牛，画中的人物使用棍棒、斧头、弓箭和用棍棒甩出去击打猎物，但没有见到标枪，他们经常戴有圆形的盔帽。这些岩画主要分布在阿尔及利亚的东南部，以及乍得和利比亚境内。

（2）黄牛时期，大约从公元前7500年至公元前4000年。这一时期当地居民开始从事游牧生活，放牧牛羊，曾经发现有陶器和新石器时代经过打磨加工的石斧、石磨和箭头，也有一些打猎用的弓箭。放牧的动物是从亚洲引进的。后期也发现一些可以聚集较多的人和牲畜的村落遗迹。

（3）马时期，大约为公元前3000年至公元前700年。这一时期已经有迹象表明当地引进了马、骆驼和奶牛，并从事大规模的农业生产。可能在公元前1220年前后从腓尼基人那里学会了使用和锻造铁器。当地建立了横跨整个撒哈拉直到埃及的大帝国联盟。

古代描绘撒哈拉沙漠的记录与今日所见雷同——一个广阔无垠的可怕障碍物。埃及人只控制他们邻近的绿洲，有时也控制南面的土地；迦太基人显然延续了早在青铜时代就建立起来的与内地的商业关系。罗马人对撒哈拉沙漠感兴趣在公元前19年至公元86年的探险文献中已有记载。地理勘探在中世纪一直持续进行。

中世纪的旅游者怀着宗教和商业动机对进一步了解撒哈拉沙漠及其人民作出贡献。

接下来的欧洲人对撒哈拉沙漠的认真探索始于19世纪，很多是始于偶然对非洲内地的主要水道发生兴趣。为了试图决定尼日河的走向，英国探险家里奇和里昂于1819年来到费赞区，1822年英国探险家德纳姆、克拉珀顿和奥德莱接连越过这个沙漠从而发现了查德湖。苏格兰探险家莱恩穿过撒哈拉沙漠，于1826年抵达传说中的城市廷巴克图，但是在他回来之前却在那里被人杀害了。法国探险家卡耶乔装成一个阿拉伯人，于1828年从南部越过撒哈拉沙漠到北部访问了廷巴克图后生还。其他著名的探险由下列众人完成：德国地理学家巴尔特，法国探险家杜韦里埃和德国探险家纳赫蒂加尔以及罗尔夫斯。

自从欧洲各殖民国家军事占领撒哈拉沙漠之后，进行了更详尽的探险，至19世纪末，已经掌握了沙漠的主要特点。虽然20世纪政治、商业和科学等活动极大地增加了人们对撒哈拉沙漠的认识，但是无垠的地带仍很遥远，人们对其知之甚少，难以抵达。

千古之谜——金字塔

如果仅仅以为金字塔是生命和能量的源泉那就错了，金字塔又正以它神秘的恐怖手段，阻止人们进一步地探索。1922年，人们发掘了公元前18世纪去世的图坦卡蒙国王的陵墓，墓穴入口处赫然写道："任何盗墓者都将遭到法老诅咒！"科学家理所当然地蔑视"法老的诅咒"，然而厄运和灾难却一再证明法老的诅咒的效力。先是发掘的领导人之一卡那公爵被蚊虫咬了一口，突然发病去世。接着，参观者尤埃尔因落水溺死，参观者美日铁路大王因肺炎猝死，用X光照相机给国王木乃伊拍照的新闻记者突然休克而死。另一名发掘者，肯塔博士的助手麦克、皮切尔先后去世，死因不明，皮切尔的父亲跳楼自杀，送葬汽车又轧死了一名8岁儿童。在发掘后39个月的时间内，先后有22名与发掘有关的人神秘地去世。胡夫金字塔上也有一段可怕的铭文："不论是谁骚扰了法老的安宁，死神之翼将在它的头上降临。"开罗大学伊瑟门·塔亚博士认为：木乃伊体内存在着一种曲霉细菌，感染者导致呼吸系统发炎，皮肤上出现红斑，最后呼吸困难地死亡。美国《医学月刊》曾刊登一篇调查报告：100名曾经到过金字塔观光的英国游客，在未来10年内死于癌症的，竟达40%。而且，年龄都不大。而那些胆大妄为、胆敢爬上金字塔顶的人，很快都出现昏睡现象，无一生还。迈阿密贝利大学的化学教授达维多凡从金字塔中检验出衰退的辐射线，很显然，这正是英国游客致癌的主要原因。但是，金字塔外却没有。可见，金字塔的结构可以防止放射线的外泄，因此，他提出了一个最为新颖的推断：金字塔是史前外星人的核废料储存所。

关于金字塔，后来人存在诸多疑问。

首要问题是运输。即使有足够的人力，也无法把这2.5吨到160吨的巨石运送到工地。用车载？用马拉？不行！那时的埃及没有马，也没有车。车和马是公元前16世纪，也就是建筑胡夫大金字塔以后1000年，才从国外引进的。有人认为是用撬板圆木棍运法。但是这种方法需要消耗大量的木材，而当时埃及的主要树木是棕榈，无论是数量、生长速度，还是木质硬度，都远远不能满足运输的需要，而进口木材几乎是不可能的。有人认为是水运法。1980年，埃及吉萨古迹督察长哈瓦斯进行岩心取样，挖到30多米深时，发现了一个至少50米深的岩壁，这可能是埃及第四王朝时开凿的港口。后来，有人还发现了连通港口的水道。但是，没有滑轮，没有绞车，没有足够先进的起重设备，让这样笨重的巨型石块，下坡、上船、起岸，比陆地撬运还难。何况，水面和岩岸至少有15米以上的落差！而尼罗河西岸的金字塔又非得尼罗河东岸的石料不可！除了陆运、水运，难道他们空运不成？这真是一个谜。法国一工业化学家，从化学和微观的角度对金字塔进行了研究，他认为，这些石块并不是浑然一体的，而是石灰、岩石、贝壳等物质的黏合物。因为使用的黏合剂有很强的凝固力，所以人们几乎无法分辨出它到底是天然石块，还是人工石块。这当然可以恰当地解决运输困难的问题。但是作为旁证，在石块中发现的2.5厘米长的人发，还嫌太少；而这种杰出的黏合剂，不仅在古籍中没有记载，尽管这位化学家用了现代化的手段，也还没有分析出来。因此，运输问题，依然是一个不解之谜。

建筑也是个谜团，据说：金字塔的设计师和建筑师，是历史上的第一个超越时代的天才伊姆·荷太普。但是，他的"天才"超越时代太远太远，引起了我们理所当然的惊讶和怀疑。把一块巨大的凸形岩石平整成为52 900平方米的塔基，是相当困难的，他们在没有水平仪，没有动力设备，没有现代化测量手段的情况下，完成了塔基的勘测和施工。它的四条底边相差不到20厘米，误差率不到千分之一。它的东南角和西北角的高度，相差仅1.27厘米，误差率不到万分之一，它的东西轴和南北轴的方位误差，也不超过5弧秒，他们没有"尺"，仅会用胳臂作丈量单位，叫做腕尺（300腕尺约等于155米），怎么能把塔建得这样精确？真叫人大惑不解！

为了确保金字塔万古长存，设计者还不用一根木料，不用一颗铁钉，因为，木质易腐，铁质易锈，都是坚固的隐患。石块与石块之间没有任何粘接物，然而却拼合得天衣无缝，甚至连最薄的刀片也插不进去。

怎样把石块一层层垒上去，更是一个引人猜想的神秘课题。有人说是运用一种木制船形工具，利用杠杆原理，将巨石逐步举高，一层一层垒砌而成。但是，能吊起几吨、几十吨，乃至100多吨的支架、绳索从何而来？有人说是运用填沙法，沿着塔基填沙。沙围随着塔基升高，充当脚手架，塔成之后，清除沙子。现在，让我们来做一道数学题：埃及金字塔是一个下方上尖的方锥体，高146米。塔基呈正方形，边长230米，问：它的体积是多少？如果在它的外围围上沙子，形成一个可以运送石块的斜坡，斜坡的角度为30°或25°，那么，它的底边将各是多少米？设：它们的高度也是146米，各需多少方沙子？这样多的沙子从哪里来？而且，先填后毁运输量还要增加一倍。有人说是运用填盐法，方法同上，用后，只需用水将之溶解，无需搬走，但是，这么多的盐比沙子更不易得。何况，一场暴雨，就会溶掉整个盐坡。有人认为是运用尼罗河泥砖砌成盘旋斜道，逐层上升，其结果与沙坡相近，只是，泥砖比沙子更不容易取得罢了。

塔北距地面13米处有一个入口，从公元9世纪开始，盗墓者、探险者、考察者接踵而来，然而，它的塔内结构仍然是个谜。塔内有迷宫一般的通道和墓

室。墙壁光滑，饰有浮雕。通道有整齐的台阶，脉络一样地向墓室延伸，直到很深很深的地下。墓室另有通气孔通到塔外。据说死者的"灵魂"可以从这些小孔里自由出入。奇怪的是，这两条气孔，一条对准天龙座（永生），一条对准猎户座（复活）。大概是灵魂飞升的处所。这样的墓室已发现三个，而考古学家认为，至少还有4个未被发现，这样精巧的设计和构思，4000年前的古人能完成吗？最令人感到奇怪的是，无论哪座陵墓，都没有用火把之类的东西来照明的痕迹，考古学家动用现代化的仪器，分析了积存4600年之久的灰尘，没有找到炱，也没有找到刮掉烟炱的蛛丝马迹。要知道，这些仪器可以分析每一粒灰尘中的百万分之一的化学成分。那么，他们雕饰浮雕、清扫墓室或者搬入尸体，绝对不可能在黑暗中进行，他们使用了什么照明手段呢？我们至今尚未发现。

  数字谜团也让人费解。7个数字所显示的精确的等式，使考古学家、建筑学家、地理学家、物理学家都迷惑不解。

  等式一：（金字塔）自重×10^{15}＝地球的重量

  等式二：（金字塔）塔高×10亿＝地球到太阳的距离（1.5亿千米）

  等式三：（金字塔）塔高平方＝塔面三角形面积

  等式四：（金字塔）底周长/塔高＝圆围/半径

  等式五：（金字塔）底周长×2＝赤道的时分度

  等式六：（金字塔）底周长/（塔高×2）＝圆周率（π＝3.14159）

  谁能相信，这一系列的数据，仅仅只是巧合？

  还有，延长在底面中央的纵平分线，就是地球的子午线，这条线正好把地球的大陆和海洋平分成相等的两半。还有，金字塔的塔基正位于地球各大陆引力中心。还有，大金字塔的尺寸与地球北半球的大小，在比例上极其相似。因此有人推断埃及人在4000年前就已经计算出了地球的扁率。还有，地球两极的轴心位置每天都有变化，但是，经过25 827年的周期，它又会回到原来的位置，而金字塔的对角线之和，正好是25 826.6这个奇怪的数字。人们知道：在金字塔建成1000年以后，才出现毕达哥斯拉定律；3000年后，祖冲之才把圆周率算到如此精确的程度，而西方直到16世纪，才有比较精确的计算；在金字塔建成4000年后，哥伦布才发现"美洲"，人们对世界的海陆分布才有初步的了解；在金字塔建成将近5000年后的今天，我们才能测算出地球的重量，地球和太阳的距离……然而，4500年前的古人怎能有如此精确的计算呢？

为何金字塔会与世长存？据说，古代世界有七大奇迹，随着岁月的流逝，有的倒塌了，有的消失了，只有金字塔岿然傲立，万古长存。其中的奥秘又是什么呢？先让我们来做一个实验吧：把一定数量的米、沙、碎石子，分别从上向下慢慢地倾倒，不久就会形成三个圆锥体，尽管它们质量不同，但形状却异常相似。假如你愿意测量一下，他们的锥角都是52°。这种自然形成的角是最稳定的角，人们把它称为"自然塌落现象的极限角和稳定角"。奇怪的是金字塔正好是51°50′9″。说明它就是按照这种"极限角和稳定角"来建造的。沙漠的风是暴戾的。由于金字塔独特的造型，迫使凌厉的风势不得不沿着塔的斜面或棱角缓缓上升，塔的受风面由下而上，越来越小，在到达塔顶的时候，塔的受风面趋近于零，这种以逸待劳、以柔克刚的独特造型，把风的破坏力化解到最小。人们还知道，磁力线的偏向作用可以使地面建筑，甚至高山崩塌，而这座金字塔塔基正好处于磁力线中心，它随着磁力线的运动而运动，随着地球的运动而运动，因此，它所承受的振幅极其微弱，地震对它的影响也就不大了。52°"角"，方锥体的"形"，与磁力线同步运动的"位"，是金字塔稳定之谜。但是，有谁能告诉我们4500年前的古人，怎么知道52°角是稳定角？怎么知道用方锥体来化解沙漠风暴？又怎样知道把庞大的塔基奠定在磁力线中心？这仍然是一个难解之谜。

有宇宙波这么回事吗？人总是要死的，但是，为什么要花费这样多的劳力，消耗这样多的钱财，为自己建造一个尸体贮存所呢？除了国王们必然的豪华奢侈外，有没有其他的原因呢？有。科学家们研究表明，金字塔的形状，使它贮存着一种奇异的"能"，能使尸体迅速脱水，加速"木乃伊化"，等待有朝一日的复活。假如把一枚锈迹斑斑的金属币放进金字塔，不就，它就变得金灿灿；假如把一杯鲜奶放进金字塔，24小时后取出，仍然鲜美清新；如果你头痛、牙痛，到金字塔去吧，一小时后，就会消肿止痛，如释重负；如果你神经衰弱，疲惫不堪，到金字塔里去吧，几分钟或几小时后，你就会精神焕发，气力倍增。

地球景观探奇

法国科学家鲍维斯发现，在塔高1/3的地方，垃圾桶内的小猪、小狗之类的尸体，不仅没有腐烂，反而自行脱水，变成了"木乃伊"。他按照金字塔的尺寸比例，做成一个小型金字塔。也同样取得了防腐保鲜的效果，这种家庭用的小型金字塔曾经在美国畅销，供防腐保鲜和试验之用。捷克的无线电技师卡尔·德尔巴尔根据鲍维斯的发现，创制了"金字塔"刀片锋利器，并在1959年获得了捷克颁发的"专利权"。埃及科学家海利也做了一个实验，他把菜豆籽放进金字塔后，同一般菜豆籽相比，出苗要长4倍，叶绿素也多4倍。

1963年，俄克拉何马大学的生物学家们断定：已经死了好几千年的埃及公主梅纳，她栩栩如生的躯体上的皮肤细胞，仍具有生命力。最使人毛骨悚然是埃及考古学家马苏博士的宣布：当他经过4个月的发掘，在帝王谷下8.23米的地方打开一座古墓石门的时候，一只大灰猫，披着满身尘土，拱起背，嘶嘶地叫，凶猛地向人扑来。几个小时以后，猫在实验室里去世了，然而，它忠实地守卫它的主人，守了4000年。有的科学家认为：金字塔的结构是一个较好的微波谐振腔体，微波能量的加热效应可以杀菌，并且使尸体脱水，而在这个腔体中，可以充分发挥微波的作用。可是，4000年前的法老怎么知道利用微波呢？有的科学家认为：任何建筑物都可以根据它们的外部形状而吸收不同的宇宙波，金字塔内的花岗石具有蓄电池的作用，它吸收各种宇宙波并加以储存，而金字塔外的石灰石则可以防止宇宙波的扩散。金字塔内所产生的那种超自然力量的能，正是宇宙波作用的结果。但是，4000年前的法老怎么能认识宇宙波，并且发现宇宙波与石质的关系呢？这仍然是一个谜。金字塔的诸多谜团暂时还无法破译，我们

能知道的只是它与世长存的历史。

金字塔是古埃及奴隶制国王的陵寝。这些统治者在历史上称为"法老"。古代埃及人对神的虔诚信仰，使其很早就形成了一个根深蒂固的"来世观念"，他们甚至认为"人生只不过是一个短暂的居留，而死后才是永久的享受"。因而，埃及人把冥世看做是尘世生活的延续。受这种"来世观念"的影响，古埃及人活着的时候，就诚心备至、充满信心地为死后做准备。每一个有钱的埃及人都要忙着为自己准备坟墓，并用各种物品去装饰坟墓，以求死后获得永生。以法老或贵族而论，他会花费几年，甚至几十年的时间去建造坟墓，还命令匠人以坟墓壁画和木制模型来描绘他死后要继续从事的驾船、狩猎、欢宴活动，以及仆人们应做的活计，等等，使他能在死后同生前一样生活得舒适如意。

相传，古埃及第三王朝之前，无论王公大臣还是老百姓死后，都被葬入一种用泥砖建成的长方形的坟墓，古代埃及人叫它"马斯塔巴"。后来，有个聪明的年轻人叫伊姆·荷太普，在给埃及法老左塞王设计坟墓时，发明了一种新的建筑方法。

他用山上采下的呈方形的石块来代替泥砖，并不断修改修建陵墓的设计方案，最终建成一个六级的梯形金字塔——这就是我们现在所看到的金字塔的雏形。

左塞王之后的埃及法老纷纷效仿他，在生前就大肆为自己修建坟墓，从此在古埃及掀起一股建造金字塔之风。由于金字塔起源于古王国时期，而且最大的金字塔也建在此时期内，因此，埃及的古王国时期又被称为金字塔时代。古代埃及的法老们为什么要将坟墓修成角锥体的形式，即修成汉字中的金字形呢？原来，在最早的时候，埃及的法老是准备将马斯塔巴作为死后的永久性住所的。后来，大约在第二至第三王朝的时候，埃及人产生了国王死后要成为神，他的灵魂要升天的观念。在后来发现的《金字塔铭文》中有这样的话："为他（法老）建造起上天的天梯，以便他可由此上到天上。"金字塔就是这样的天梯。同时，角锥体金字塔形式又表示对太阳神的崇拜，因为古代埃及太阳神"拉"的标志是太阳光芒。金字塔象征的就是刺向青天的太阳光芒。因为，当你站在通往基泽的路上，在金字塔棱线的角度上向西方看去，可以看到金字塔像撒向大地的太阳光芒。

《金字塔铭文》中有这样的话："天空把自己的光芒伸向你,以便你可以去到天上,犹如拉的眼睛一样。"后来古代埃及人对方尖碑的崇拜也有这样的意义,因为方尖碑也表示太阳的光芒。古埃及所有金字塔中最大的一座,是第四王朝法老胡夫的金字塔。这座大金字塔原高146.59米,经过几千年的风吹雨打,顶端已经剥蚀了将近10米。但在1888年巴黎建筑起埃菲尔铁塔以前,它一直是世界上最高的建筑物。这座金字塔的底面呈正方形,每边长230多米,绕金字塔一周,差不多要走1千米的路程。胡夫的金字塔,除了以其规模的巨大而令人惊叹以外,还以其高度的建筑技巧而著名。塔身的石块之间,没有任何水泥之类的黏着物,而是一块石头叠在另一块石头上面的。每块石头都磨得很平,至今已历时数千年,人们也很难用一把锋利的刀刃插入石块之间的缝隙,所以能历数千年而不倒,这不能不说是建筑史上的奇迹。另外,在大金字塔身的北侧离地面13米高处有一个用4块巨石砌成的三角形出入口。这个三角形用得很巧妙,因为如果不用三角形而用四边形,那么,一百多米高的金字塔本身的巨大压力将会把这出入口压塌。而用三角形,就使那巨大的压力均匀地分散开了。在4000多年前对力学原理有这样的理解和运用,能有这样的构造,确实是十分了不起的。胡夫死后不久,在他的大金字塔不远的地方,又建起了一座金字塔。这是胡夫的儿子哈夫拉的金字塔。它比胡夫的金字塔低3米,但由于它的地面稍高,因此看起来似乎比胡夫的金字塔还要高一些。塔的附近建有一个雕着哈夫拉的头部而配着狮子身体的大雕像,即所谓狮身人面像。除狮是用石块砌成之外,整个狮身人面像是在一块巨大的天然岩石上凿成的。它至今已有4500多年的历史。为什么刻成狮身呢?在古埃及神话里,狮子乃是各种神秘地方的守护者,也是地下世界大门的守护者。因为法老死后要成为太阳神,所以就造了这样一个狮身人面像为法老守护门户。第四王朝以后,其他法老虽然建造了许多金字塔,但规模和质量都不能和上述金字塔相比。第六王朝以后,随着古王国的分裂和法老权力下降以及埃及人民的反抗和一些人的盗墓,常把法老的"木乃伊"从金字塔里拖出来,所以埃及的法老们也就不再建造金字塔,而是在深山里开凿秘密陵墓了。

扑朔迷离——刚果河

也许没有人像小说家约瑟夫·考拉德那样抓住刚果河的恐怖的本质，他在《黑暗的心脏》一书中写道，只要一到河上，"像是回到了世界之初，植物在大地上狂舞，大树就是帝王，它把无力改变的寂静笼罩在谜一般的意念上。它以报复的样子注视着你。"

尽管该河从1971年曾改名为扎伊尔河，但其原始的形象无法摆脱与其神秘历史的联系，那时它被称作刚果河，葡萄牙人把西非文字的含义曲解成"吞噬众河之河"。事实上，它拥有一种令人敬畏的自然力：4640千米长，流域面积达390万平方千米，流量仅次于亚马孙河。每秒有42 450立方米的水注入大西洋。

河流源于赞比亚北部的高地萨王纳，海拔1524米。昌勃河为上游河段，它蜿蜒流过赞比亚，进入扎伊尔，在那里汇入卢阿拉巴河。在该河段内，河流开始慢慢地下降到西非的热带雨林，在热带雨林中流程达805千米。卢阿拉巴河在越过赤道并变成扎伊尔河之前，北行1609千米，尔后呈一巨大的弧形折向西行，并再次越过赤道南行。赤道雨林是地球上生长最茂密的树种之家：栎树、桃花心木、橡胶、紫檀和胡桃树均可长至60多米高，形成林冠层，在其下面形成四季花开的景象。在这庞大的天顶下是浓密的下层林丛，闷热潮湿，有致命的动

物——鳄鱼、大蟒、眼镜蛇、野猪和毒蜘蛛——以及使人衰弱甚至致命的疾病，比如疟疾、血吸虫病和黑水热。没有一个地方比该河与传说中的月亮山（即扎伊尔河的东部分水岭鲁文佐里山）之间的地区更神秘了。

在大弓弧东北部是斯坦利瀑布，一系列的瀑布和湍流使河流在约 95 千米的流程中落差高达 457 米，紧接着是 1609 千米长的可通航河段，最终到马莱博湖（曾称作斯坦利湖），24 千米宽的水域将扎伊尔的首都金沙萨与刚果的首都布拉柴维尔隔开。马莱博湖过后是利文斯敦瀑布，354 千米的河段包括一系列的湍流和 32 个瀑布，其中最后的"地狱之锅"，将河流带离克里斯托尔山，直落海平面。

即使在冲入大西洋后的 161 千米内，扎伊尔河的能量仍未消耗殆尽。河流携带的大量水体以每小时 9 海里的流速，刻蚀出一道深达 1219 米、远达海外 161 千米的海底峡谷。在大西洋的波涛里，仍能看到雨林红棕色的泥质浊流和一些较为娇小的植物，两者都是从萨王纳一路上被水携带下来的。

直到 19 世纪 70 年代，对西方人来说刚果河仍笼罩在神秘之中。它是否与尼罗河、尼日尔河以及位于非洲心脏的同样神秘的卢阿拉巴河相连或者是一条完全分开的河，没有人确切知道。甚至连到过欧洲人尚未涉足过的中部非洲的阿拉伯奴隶也不知道。关于非洲分水岭的一切重要问题在 1874～1877 年由亨利·莫顿·斯坦利解决，当时他在纽约《先驱论坛报》和伦敦的《每日邮报》的支持下，进行了从桑给巴尔海峡到刚果河口横越非洲的考察。

斯坦利随身带了 356 名本地劳工、8 吨储备品以及一艘 12 米长的船，船建造成几个部分，以便根据需要将其携带过大陆的大部分地区。船装配好后，首先到达维多利亚湖，然后抵达坦噶尼喀湖，斯坦利在这两个湖泊中作了环湖航行。当他和他的随行人员行进到卢阿拉巴河后，折向北，进入完全无人知晓的地区。他的队伍乘着船和独木舟沿河下行。999 天后，探险队到达大西洋。斯坦利的 356 名随行人员中有 114 人生还。

两年后，斯坦利重回刚果，为比利时国王利奥波德二世工作。1879—1884 年，斯坦利管理瀑布群周围和通向斯坦利湖的道路建设，乘船上溯至斯坦利湖，并可毫不费力地深入 1609 千米的内陆，还与当地首领签署了约 400 个没被他们完全理解的条约，将他们置于利奥渡德的统治下。斯坦利所做的这些工作。为后来成为利奥波德"私人采地"的刚果自由王国打下了基础。

刚果河又称扎伊尔河，非洲第二长河，位于中西非。上游卢阿拉巴河发源于扎伊尔沙巴高原，最远在赞比亚境内，叫谦比西河，北流出博约马瀑布后始称刚果河。干流流经刚果盆地，河道呈弧形穿越刚果民主共和国，沿刚果（民主共和国）刚果边界注入大西洋。全长约4700千米，流域面积约370万平方千米。如果按流量来划分，刚果河的流量仅次于亚马孙河，是世界第二大河。河口成较深的溺谷，河槽向大西洋底延伸150千米，在河口外形成广阔的淡水洋面。干支流多险滩、瀑布和急流，以中游博约马瀑布群和下游利文斯通瀑布群最为著名。

刚果河流域包括了刚果民主共和国几乎全部领土，刚果和中非共和国大部、赞比亚东部、安哥拉北部以及喀麦隆和坦桑尼亚的一部分领土。在这片广阔的流域，密集的支流、副支流和小河分成许多河汊，构成一个扇形河道网。这些河流从周围海拔270～460米的一片会聚的斜坡上流入一个中央洼地，这个洼地就是地球上最大的盆地——刚果盆地。刚果河主要支流有乌班吉河、夸河和桑加河。刚果河自源头至河口分上、中下很不相同的三段。上游的特点是多汇流、湖泊、瀑布和险滩；中游有7个大瀑布组成的瀑布群，称为博约马（旧称斯坦利）瀑布；下游分成两汊，形成一片广阔的湖区，称为马莱博湖。刚果河流域具有非洲最湿润的炎热气候，最广袤、最浓密的赤道热带雨林。刚果河有终年不断的雨水供给，流量均衡。稠密的常绿森林和受赤道气候重要影响的刚果河流域同样广阔。森林区的外边是热带大草原带。刚果河中有多种鱼类和鳄鱼。

刚果河自博约马瀑布以下可部分通航，加上众多支流，构成总长约16 000千米的航运水道系统，对促进内陆的经济发展发挥着重要作用。刚果河流域的水力蕴藏量占世界已知水力资源的1/6，但目前尚未进行多少开发。金沙萨以下建有大型因加水利枢纽。

刚果河是非洲和世界著名的大河，源自赞比亚北部高原东北的谦比西河，最后注入大西洋。左岸支流多发源自安哥拉、赞比亚；右岸支流多发源自喀麦隆、中非，干流流经赞比亚、刚果民主共和国和刚果共和国。刚果河全长4640千米，流域面积约370平方千米。其中60%在刚果民主共和国境内，其余面积分布在刚果共和国、喀麦隆、中非、卢旺达、布隆迪、坦桑尼亚、赞比亚和安哥拉等国。河口年平均流量每秒39 000立方米，年径流量13 026亿立方米，年径流深342毫米。其流域面积和流量均居非洲首位，在世界大河中仅次于南美洲的亚马孙河，居第二位。在非洲其长度仅次于尼罗河，而流量却比尼罗河大16倍。

源流谦比西河向西南流480千米，经班韦乌卢湖沼泽地带后，称卢阿普拉河，为赞比亚与刚果民主共和国的界河；再向北流560千米进入姆韦鲁湖（该湖最大长度122千米，平均宽约50千米），出姆韦鲁湖至安科罗城的河段称卢武阿河，向西北流350千米，在安科罗附近汇入卢阿拉巴河。从源流谦比西河算起，卢武阿河全长1512千米，总流域面积25万平方千米，过基桑加尼后称刚果河，经博约马瀑布向西北流，后转向西南流，在金沙萨以南为一系列峡谷，急滩和瀑布，于博马附近汇入大西洋。由河源至基桑加尼为上游，长2200千米，该河段自南向北流经高度不等的高原和陡坡地带，水流湍急。从基桑加尼至金沙萨为中游，长约1700千米，流经地势低平的刚果盆地中部，支流众多，河网密布，河道纵坡平缓，水量丰富，水流平稳，河面变宽。基桑加尼处河宽800米，往下河面展宽至4~10千米，有的地方可达14千米，水深在10米左右。因中游河水流速缓慢，形成许多辫状河道，河中有沙洲和岛屿，沿岸多沼泽和湖泊，有众多支流汇入。金沙萨向西南到大西洋岸为下游，长360千米，先穿越100多千米的峡谷地带，河宽收缩到400米以下，最窄处仅200余米，形成一系列瀑布，组成世界著名的利文斯敦瀑布群。从马塔迪往下，河道扩展，河宽水深，水流分汊，河口处宽达数千米。刚果河河口没有三角洲，只有较深的溺谷，河槽向大西洋底延伸达150千米，在河口以外数十千米范围内，形成广大的淡水洋面。这是非洲大河中唯一的深水河口，有利于航运的发展。

刚果河位于中西非。刚果河全长 4700 千米，除了尼罗河外，比非洲任何一条河都长。起于坦干伊喀湖和尼亚沙湖（马拉维）之间尚比亚东北部高地的谦比西河，海拔 1760 米，离印度洋约 690 千米。其路线以逆时针方向大弧形的形式向西北、西和西南流，最后在刚果（金夏沙）的巴纳纳处注入大西洋。其灌溉流域面积计 370 万平方千米，几乎包括刚果（金夏沙）的全部领土以及刚果（布拉萨）、中非共和国、尚比亚东部和安哥拉北部等大部分土地以及喀麦隆和坦桑尼亚的一部分。

刚果河及其许多支流形成本洲可航行水道的最大网络。但是适航性却受不可逾越的障碍所限制，在河的下游有一串 32 条瀑布包括著名的李文斯顿瀑布横亘其中。这些瀑布使刚果河在刚果支流源头上的马塔迪海港和河身扩展似湖的马莱博湖之间一段不能航行。亚马孙河和刚果河是世界两大河流，它们奔流在全年或几乎全年都有大雨的赤道区。从马莱博湖往上游起，刚果河流域所承接的年平均降雨量为 1500 毫米左右，其中约 1/4 流入大西洋。但刚果河的灌溉流域大约只有亚马孙河的一半大小，河口的流量每秒约 41 000 立方米，比亚马孙河的每秒 179 000 立方米要少得多。

地球景观 探奇

旅客天堂——塞舌尔

蓝天、碧水、阳光、沙滩、海风……塞舌尔拥有了一个美丽的海岛国家应该具有的一切，甚至更多。

一踏上塞舌尔的土地，迎客的不是手捧花环的美女，而是栀子花的香气，犹如清晨的波涛，好似日出前的凉风，从四面八方向你袭来。在岛上待得久了，你就会发现，这种天然的植物香味无处不在，使得呼吸这件最简单的事情在岛上变得无比愉悦。

也许是因为远离大陆，岛上的植物都是超大型的，茂盛中还带着几分放肆，色彩更是浓郁如同高更的画。松塔有哈密瓜那么大，无忧草的叶子居然长了一尺多宽，巨大的椰子树横斜在窗前，几乎遮住了半边天。身处其间，你会觉得这些生机勃勃的花花草草才是这岛上真正的主人，人不过是其中的点缀。而最

让人啧啧称奇的，当数塞舌尔的国宝海椰子。

关于海椰子的名字由来，有这样一个传说。很久以前，一位马尔代夫的渔民在印度洋上捕鱼时，从渔网里发现了一颗形状酷似女人骨盆的椰子。当时塞舌尔群岛还不为人知，人们就以为这种奇形怪状的椰子是生长在海底的一种巨树的果实，就给它取名"海椰子"，后来在普拉兰岛的"五月山谷"里发现了一片生长着这种椰子的原始树林，才恍然大悟。

18世纪时岛上曾经有一个英国执政者对海椰子非常着迷，甚至相信"五月山谷"就是圣经里的伊甸园，而海椰子就是使得亚当夏娃失去乐园的"知识果"。

如此种种给海椰子蒙上了一层神秘的面纱，海椰子极为珍贵，最初人们发现塞舌尔有5个岛上长有海椰子树，但是现在只有普拉兰岛南部的"五月谷"还有4000多棵海椰子树，其他4个岛上的海椰子树已基本绝迹。

首都维多利亚是塞舌尔唯一的城市和港口。坐落在马埃岛的东北角，城市依山傍水，环境幽雅秀丽。在市中心的独立大街，矗立着一座模拟三只海鸥的大型纪念塑像，它是塞舌尔人在200多年以前从欧、亚、非三大洲飞越大洋来这个荒岛开发生息的象征。

首都最引人入胜的是国家植物园，园中集中了全岛最名贵的植物。园中有高大的阔叶树木，罕见的兜树和兰花，奇异的瓶子草和极为稀有的海蜇草，但最奇特，最名贵的要数海椰树了。海椰树的生命力很强，能活1000多年，连续结果850年以上。海椰子比普通的椰子大得多，每个都有十几公斤，也分雌雄两种。墨绿色的果实挂在树上，无论是形状还是大小都容易使人联想到人的身体，雄椰子树的果实呈长棒形，而雌椰子树的果实呈骨盆形。海椰树的公树和母树总是并排生长，但是树根却纠缠在一起。公树挺拔，最高可长到30多米，一般比母树高出五六米。据说如果其中一株被砍，另一株就会"殉情而死"。这般有情有义的植物，又怎能不让人唏嘘感叹，顿生怜爱之情？岛上还有许多关于海椰子的浪漫传说，据说在满月的夜晚雄性海椰子树会自行移动去和雌性椰子树共度良宵，因此人在深夜是不能进入椰子林的，以免煞了风景。塞舌尔当地厕所门口常常画着雄、雌海椰子，表示男女有别，倒也简单明白，一目了然。说到海椰子的神奇，倒也并非浪得虚名，称得上全身是宝。果子长到九个月左右，果汁香甜，可作甜食；完全成熟以后，坚硬的白色椰肉是上等的补药，有补肾壮阳之奇效，果核是贵重的工艺品原料，椰子汁味道醇美，是酿酒的好原料，据说还能治疗中风。

塞舌尔的第一大岛是马埃岛。踏上马埃岛，眼前便呈现出这样一幅景色：奇峰幽谷，巍峨多姿。云遮雾障的群峰之上，林木扶疏，青葱碧透，千藤万蔓，铺天匝地，景色清幽而绚丽。还有遍布海滨、山坡、高地的一块块奇岸异石，有的似睡狮，有的像苍鹰，有的如奔马，有的类仙鹤。好一个巧夺天工的天然雕塑场！

马埃岛还拥有世界一流的天然浴场。海滩宽阔而平坦，水清沙白，是进行海水浴、日光浴、风浴和沙浴的最理想地方。如果你有潜水本领的话，那是最好不过了。潜入美丽的海底，你会看到五彩缤纷的珊瑚和五光十色的鱼类世界，心中顿生一种渴望，为何不变成一条鱼儿遍游海底呢？

石头教堂——拉利贝拉

在埃塞俄比亚的拉利贝拉，坐落着13世纪"新耶路撒冷"的11座窑洞教堂。这些教堂位于一处由环形住宅组成的传统村落附近，用11块中世纪的整块石料敲凿而成。

拉利贝拉的石头教堂是在形成拉斯塔高原的大片红色火山石灰石上开凿而成的，是12—13世纪基督教文明在埃塞俄比亚繁荣发展的非凡产物。

王国的新首都建于拉斯塔地区一座山的旁边，它现在是坐落在海拔2 600米处的一个小镇，是拉利贝拉的隐修中心，是以在那里开凿教堂的扎格国王的名字命名的，意在将它建成一个新"圣城"。

拉利贝拉有11个中世纪的教堂和小教堂，它们在一条大部分干涸的溪流——约旦河两边分为两个截然不同的群体，几乎没有高出地平面。其中四个是在整块石头上开凿的，其余的则要小些，要么用半块石头凿成，要么开凿在地下，用雕刻在岩石上的立面向信徒标示其位置。每个群体都是一个由某种围

墙围绕着的有机整体，游客在里面可沿着在石灰石上开凿的小径和隧道网四处漫游。

独石教堂矗立在7~12米深的井状通道的中央，是在由深沟将高原的其他部分与之分离出来的岩石上直接雕刻出来的。雕刻自顶部（穹顶、天花板、拱门和上层窗户）始，一直延续到底部（地板、门和基石）。为了使夏季影响这一地区的滂沱大雨能通畅地排掉，用这种方法创造的空间平面呈轻度倾斜状。建筑物的突出部分，如屋顶、檐沟、飞檐、过梁和窗台的突出程度视雨水的主要方向而定。

拉利贝拉的教堂中最引人注目的或许是耶稣基督教堂，它长33米，宽23米，高11米，精雕细刻的飞檐由34根方柱支撑。这是埃塞俄比亚唯一一个有五座中殿的教堂，据16世纪葡萄牙使馆派往所罗门宫廷的弗朗西斯科·阿尔瓦雷斯神父说，过去的阿克苏姆大教堂也有五座中殿。

根据基督教的惯例，有三个分别面向东、北和南的门通向教堂内部。这是按长方形廊柱大厅式基督教堂修建的。呈东西向，隔成八间，28根支撑半圆形拱顶的支柱成行排列其间。

圣乔治教堂坐落在一个近乎方形的竖井状通道（22~23米）的底部，与其他教堂相分离，形似希腊十字架。它的地基很高，里面既无绘画，也无雕塑，因为这些东西会转移人们对其和谐而简单的线条的注意力。天花板上，十字架的每个臂都与一个半圆拱相交，而这些半圆拱是在矗立在中央空间的四个角的壁柱上雕刻出来的。虽然这个建筑的低层窗户属阿克苏姆风格，但高层窗户上却有着与各个教堂相类似的带花饰的尖拱。

相邻的圣玛丽亚教堂比耶稣基督教堂的面积小些，高度为9米。墙上的窗户为阿克苏姆风格，里面有三个中殿，其独特之处在于它们从上到下都覆盖着有代表意义的几何图案（希腊十字、万字饰、星形和圆花饰）和动物（鸽子、凤凰、孔雀、瘤牛、大象和骆驼）的装饰性绘画及按福音书描绘耶稣和玛丽亚生活场景的壁画，但大多已损坏。一些专家认为这些绘画可追溯到扎拉·雅各布国王（1434—1465）统治时期。主门之上是一个描绘两个骑手杀死一条龙的浅浮雕，由于埃塞俄比亚的圣所中很少有动画雕刻（实际上，在基督教的中东地区都是这样），所以这幅雕塑属珍品之列。

圣迈克尔、各各他教堂和三位一体教堂组成一个教堂群，其中最大的教堂圣迈克尔教堂被十字形支柱和谐地分为三个中殿，而供奉耶稣受难像的各各他教堂的最显著特征是，在其两个中殿的墙壁上雕刻的七个真人大小的牧师系列像。此外，它的壁龛中还有一个基督墓。

墨丘利教堂和天使长加百列与拉斐尔教堂为地下教堂，起初用于非宗教目的，后被圣化。它们一度可能是王室住宅。往前不远，利巴诺斯教堂既有独石教堂的特点，又有地下教堂的特点。它的四边被一个环绕四周、内部挖空的高高的长廊与山分开，而其顶部却与高处的岩石块连为一体。埃马努埃尔教堂是一个有着三座中殿的长方形教堂，具备阿克苏姆古典风格的所有特点。

风景迤逦——圣卢西亚湿地

圣卢西亚湿地公园包括有珊瑚礁、漫长的沙滩、海岸沙丘、湖泊、沼泽、大片的芦苇丛和纸草沼泽。洪水和海洋风暴以及热带和亚热带的非洲的地理状况的相互作用，使这里拥有异常多的生物种类和变化。不同的地块和生活方式使这里景色超凡。这里生活着自非洲的海洋、沼泽，到大草原的各种生物。公园中5个生态系统之间相互连接所形成的这个综合的生态体系，成了研究这里所出现的地形学和生物学情况的吸引人的主要的方面。由于不同的地理状况，这个公园有极端美丽的长达220千米的海岸。自然的奇迹包括干、湿气候循环所带来的盐分变化。

位于南非东海岸的圣卢西亚湿地公园历史悠久，早在石器时代初期这里就有人类活动，其北部是斯威士兰和莫桑比克（二者均为非洲东南部国家）。1999年该公园被联合国教科文组织列为"世界自然遗产"。

圣卢西亚湿地公园处在海平面和海拔474米之间，总面积为239 566公顷，由一个沿海平原及大陆架组成。这里属亚热带气候，夏季温暖潮湿，冬季温和干燥，年平均温度超过21℃。因为距海远近不同，所以公园自东向西气候又略有差别：海岸附近属亚热带湿润气候，降水量相对较高（年均降水量在1200～1300毫米）；内陆地区空气适度干燥。

圣卢西亚湿地公园的植物种类繁多，总计有152个科，734个属。南非31%的植物生长在这里，其中有一些是该公园所特有的植物，如以公园名字命名的露西亚高凉菜。该地区最新发现了一种似芦荟的植物，但仍有待科学家们作进一步研究。根据圣卢西亚湿地公园地形、湿度和土壤条件的不同，各种不同的植被群落类型——森林、灌木丛、林地、草地和湿地——交错分布，向人们展示着大自然的"镶嵌艺术"。

湿地类型包括内河、纸草沼泽地、芦苇盐碱湿地、莎草沼泽、含盐湿地和生长着大型植物的水底层。其中内河及纸草沼泽地大约覆盖了公园7000公顷的面积，这种规模在南非的湿地保护区中首屈一指。含盐湿地的代表植物是孢子体、海蓬子属和雀稗属植物。草地类型主要包括沙滩上的亲水草地、涝原、南非洲棕榈草原及三种分别生长在沙地、黏土和石质土上的草地。林地由阔叶林、阿拉伯树胶林、河边树林、榄仁树和马钱子混合林以及灌木构成，这里为食草动物提供了充足的食物来源。朝海的沙丘上是一些不易排水的变形土，生长着小型叶、阔叶混合林及灌木丛，浓密的灌木丛和盘旋交错的藤蔓是这里的主要特色。沼泽林占地3095公顷，圣卢西亚湖边的沼泽地当大雨过后会形成潺潺流动的小河。比起陆地植被，圣卢西亚湿地公园的水生植物种类也毫不逊色。据记录，水中生长着325种海藻类植物。

迄今为止，圣卢西亚湿地公园的昆虫种类还没有完全被人类获知。但仅就掌握的资料来看，这绝对是一个丰富多彩的大千世界。196种蝴蝶、52种蜻蜓、139种金龟子科甲虫、41种陆生蜗牛……其种类之巨，令人叹为观止。生活在海中及河口的无脊椎动物是公园里最重要的水生动物族。据记录，这里共有43种硬珊瑚虫，10种软珊瑚虫，珊瑚礁也因其特有的保护和科学价值颇受人们青睐。圣卢西亚湿地公园还发现有14种海绵动物、4种被囊动物和812种水生软体动物，西印度洋特有的暗礁鱼类中，85%栖息在这片水域。该公园有6种淡水动物是世界范围内的濒危物种，16种是国家级濒危动物，世界上最大的鲨鱼——赞比西河真鲨也栖息在这里。圣卢西亚湿地公园以拥有自然界体积最庞大的动物群而闻名于世，现存的最大海龟——棱皮龟，还有红海龟、鲸鱼、海豚、鲨鱼、火烈鸟（形体似鹤）、各种涉禽类鸟、塘鹅以及其他水鸟都栖息（或季节性栖息）在该地，著名的尼罗河鳄鱼也在这里安了家。

圣卢西亚湿地公园现有50种两栖动物，108种爬行动物（包括12种海龟、53种蛇、42种蜥蜴和1种鳄鱼），其中有5种两栖动物属该地区特产，6种爬行动物属世界濒危物种。这里更是一个五彩缤纷的鸟类乐园，有521种鸟在这里栖息，其中单火烈鸟的数量就达到了50 000只。公园里的陆地和水生哺乳动物总计有129种，其中包括95只黑犀和150只白犀。

第三章
北美景观探奇

| 地球景观探奇

优美多情——千岛湖

千岛湖位于和美国接壤的加拿大安大略省,一半属于加拿大,一半属于美国。坐游船在圣劳伦斯湖上欣赏湖中千岛的风情是常规的旅行项目,欣赏的重点是心形岛。

千岛湖是世界闻名的旅游景点,也是加拿大的三大自然奇观之一。千岛是指在安大略省的迦纳诺魁和京士顿之间,沿着圣·劳伦斯河散布的一千多个大小不一的岛屿。这些岛屿如繁星般散落在圣·劳伦斯河上,宛若童话中的仙境。

湖中心的分界线将千岛湖一分为二,南岸是美国的纽约州,北岸则是加拿大的安大略省。在一千多个岛屿中,2/3在加拿大境内,而美国拥有的岛屿面积比较大,并有深水水道通往五大湖。在千岛湖上,一座连接美国和加拿大的国际大桥横跨美加两国的边境,大桥宛如一道彩虹,为千岛湖增加了几分娇艳。桥的中央就是两国的分界,上面有无人值守的海关。千岛湖一年四季风景秀丽,在夏季更是有名的避暑胜地。

由多伦多出发,沿401公路向东行,大约两小时半,到了京士顿,这里是安大略湖东端的尽头,也是北美五大湖的出口。过了京士顿,就是加美共有的圣·劳伦斯河的开始。在645出口转右行驶即可到达京拿诺,转左到千岛乐园路,沿河向东行,沿途都有巨大的广告牌,指示游客转往支路前去港口搭乘游船。

　　千岛湖的游船之旅是久负盛名的，游客可搭乘能容纳百人的游艇，穿过星散于圣·劳伦斯河上错综迷人的岛屿，在圣·劳伦斯河上缓慢行进，尽览千岛群岛的美景。千岛群岛大小不一，大部分岛上都有建筑。在有些小岛上还散落着不少加美两国富翁的别墅，建筑风格极为古典优雅。游艇在群岛间狭窄的水道左穿右插，迂回前进，前面疑是无路可通，转眼又豁然开朗，真有"山重水复疑无路，柳暗花明又一村"的感觉。

　　在千岛湖上还有全世界最短的跨国桥。原美国通用汽车公司的总裁，托人代购了在美国境内的一个小岛。他来到岛上后发现这个岛实在太小了，不能建筑大屋，于是又买了在加拿大境内的莎维岗岛，并在岛上建造了豪华的度假屋。为交通方便，又在加美两岛之间建了一座小桥，仅长9.75米，横跨加美两国之间的水域，成为全世界最短的跨国桥。

　　现在有旅游证件的游客可以登上心岛参观，小游艇可以泊岸。每年夏天，特别是节假日，是千岛湖最热闹的时候。碧蓝的湖水与天际相接，湖里千舟竞发，白帆点点。私人快艇，水上摩托驰骋在宽广的千岛湖上，船尾留下白色的浪花一片。各种游轮满载着来自世界各地的游客在圣·劳伦斯河上静静欣赏千岛湖的旖旎风光。美丽的千岛湖已成为许多旅游爱好者心目中向往的地方。

令人敬畏——科罗拉多大峡谷

科罗拉多大峡谷是1869年被美国独臂炮兵少校约翰·卫斯莱·鲍威尔带领的一支探险小分队发现。1903年美国总统西奥多后来此游览时，曾感叹地说："大峡谷使我充满了敬畏，它无可比拟，无法形容，在这辽阔的世界上，绝无仅有。"1919年，威尔逊总统将大峡谷地区辟为"大峡谷国家公园"，1980年列入世界遗产名录。大峡谷山石多为红色，从谷底到顶部分布着从寒武纪到新生代各个时期的岩层，层次清晰，色调各异，并且含有各个地质年代的代表性生物化石，又被称为"活的地质史教科书"。大峡谷以小科罗拉多河为起点，是被全长为2190千米的科罗拉多河强烈的侵蚀切割形成的19个主要峡谷中最长、最宽、最深的一个，也是最著名的一个。

科罗拉多高原为典型的"桌状高地"，也称"桌子山"，即顶部平坦侧面陡峭的山。这种地形是由于侵蚀作用（下切和剥离）形成的。在侵蚀期间，高原中比较坚硬的岩层构成河谷地区的保护帽，而河谷里侵蚀作用活跃。这种结果就造成了平台型大山或堡垒状小山。

科罗拉多高原是北美古陆台伸入科迪勒拉区的稳定地块，由于相对稳定，地表起伏变化极小，而且在前寒武纪结晶岩的基底上覆盖了厚厚的各地质时期的沉积物，其水平层次清晰，岩层色调各异，并含有各地质时期代表性的生物化石。岩性、颜色不同的岩石层，被外力作用雕琢成千姿百态的奇峰异石和峭壁石柱。伴随着天气变化，水光山色变幻多端，天然奇景蔚为壮观。

峡谷两壁及谷底气候、景观有很大不同，南壁干暖，植物稀少；北壁高于南壁，气候寒湿，林木苍翠；谷底干热，则呈一派荒漠景观。蜿蜒于谷底的科罗拉多河曲折幽深，整个大峡谷地段的河床比降为每千米150厘米，是密西西比河的25倍。其中50%的比降还很集中，这就造成了峡谷中部分地段河水激流奔腾的景观。因为如此，沿峡谷航行漂流成为引人入胜的探险活动。任何描述都不能为参观者勾勒出有关这一硕大无比的峡谷的正确规模和雄伟程度。它向目力所及的，由大小峡谷、瀑布群、众多的洞穴、塔峰、岩突、沟壑组成的辽阔而壮观的自然综合体的远方伸展。大峡谷决不会看到两个完全相同的景象，太阳和流云的阴影透过一组从黑色和紫棕色到淡粉色和蓝灰色的柔和光谱，不断地改变着岩石的颜色。

从众多有利视点中选取一个，向下俯视峡谷的底部，很难想象下方细小棕色的溪水担负着塑造这一巨型峡谷的重任。然而，从峡谷底部看，科罗拉多河湍急而强劲，据说熔岩瀑布急流是世界上流速最快的可通航急流，这就不难想象出河流是如何有能力刻蚀自己，穿越岩石，形成通道的。

约1000万年前，科罗拉多河蜿蜒于辽阔的平原之上。然后，地球表层的构造运动引起陆地抬升，河流便开始下切出一条穿越岩石的水道。成岩200万年的柔软石灰岩是最先被侵蚀的岩石，然后是位于下层的年代较老的页岩和砂岩。最古老的岩石是20亿年前的花岗岩和片岩，现在它们成了峡谷的底部。

主峡谷长达365千米，大约有29千米通过峡谷最宽处。不少地方峡谷深达1.6千米，没有桥梁横跨断陷之谷。任何人想从北缘总部到南缘的大峡村，需绕行322千米才能到达，但峡谷间的距离不足19千米。

大峡谷并非只有一处峡谷，许多其他峡谷也归入其中，组成大峡谷国家公园的每个峡谷均不同于其他峡谷。公园中能看到很多景象。武尔坎石，是大约1万年前的火山活动形成的一个由黑色火山渣构成的火山锥，高高地耸立于河流上方。埃斯佩拉纳德是一个强度侵蚀的红色砂岩阶地，在傍晚的阳光下发出猩红色的光彩，在许多地方，层状砂岩的峰顶在悬崖边缘摇摇欲坠，映现出令人难以置信的景色。

虽然有数百万旅游者观赏了诸如大峡谷村等大峡谷最闻名之处。然而参观者还找到许多完全与世隔绝的地方。弗恩·格伦峡谷以其小气候出名，令人惊奇的是，茂盛的花木竟能在沙漠中部茁壮成长。沃什北谷的乳白色谷壁底部有宁静碧绿的水潭。

地球景观探奇

雄伟壮丽——落基山

　　落基山脉是美洲科迪勒山系在北美的主干，从阿拉斯加到墨西哥，南北纵贯 4500 千米，巍然壮观，层峦叠嶂，群峰耸立，犹如一条绵延起伏的巨龙，成为北美大陆的支柱，由此被称为北美洲的"脊骨"。粗犷又不失秀美，荒蛮又不失生机，这是落基山吸引人的地方。这里有高耸的雪峰、巨大的冰原、色彩迷人的湖泊以及众多的野生动物。为保护美好的大自然，这里建有许多国家公园和省立公园，可以说，这里是大自然的美景博物馆。

　　落基山是从北向南纵贯北美的伟大山脉，南北各地的自然地理特征和生态环境差异明显，各自呈现出风格独特的自然风光，自然景观最为壮丽。落基山脉分布范围很广，它的很大一部分坐落在加拿大境内。这里不仅蕴藏着丰富的煤、铁、金等矿物资源，迄今为止，它还是一个没有被人类过度开发的荒野地带。更重要的是，这里还是在激烈的竞争、工作和生存压力下，身心疲惫、精神紧张的现代人释放压力，寻找自我、获取安慰的最好地方，堪称现代人的精神避难所。

　　整个落基山脉由众多小山脉组成，其中有名有姓的就有 39 条山脉，大部分山脉平均海拔 2000～3000 米，甚至有许多山峰超过 4000 米，如加尼特峰高达 4202 米，隆斯峰高达 4346 米，埃尔伯特峰高达 4399 米。每个峻岭形如长剑，高耸入云；每个险峰，云雾缭绕，白雪皑皑。许多美国大河都发源于落基山脉，如密西西比河、阿肯色河、密苏里河、科罗拉多河等，还有不少河流靠山顶的冰雪融化供给水源。所以，落基山脉是北美洲东西部最大的分水岭，山脉西部的河流注入太平洋，山脉东部的河流注入墨西哥湾。

落基山脉经历了长达1亿年的形成过程，演绎了一部壮观剧烈的地貌变迁史。起初，它是一片巨大的地槽地区，直到白垩纪初期还是一片碧波荡漾的浅海，在这里，各种各样的生物自由自在地生活着。后来，这个地区开始不断地上升，最终由海洋变成了陆地。为了生存，各种生物与大自然展开了一场殊死的搏斗，有的活了下来，有的却从这个星球永远消失了。紧接着这个地区发生了排山倒海一般大规模的造山运动，岩浆被压抑了几亿年，此刻突然冲出地面，照亮了这片沉寂了几亿年的土地，许多动物吓得到处逃窜。地壳随之发生了强烈的褶曲与压缩，山脉隆起，形成巨大的花岗岩山系。怒火平息后，群山又遭到冰川的侵蚀，留下了陡峭的角峰、冰斗槽谷等冰川地貌。经历了这场漫长的造山运动后，落基山终于巨人般屹立在辽阔的北美大地上。

白垩纪末褶皱成山，经长期风化，于第三纪末再度隆起，并伴有广泛的火山活动。山体范围大，构造和地形复杂，南北差异明显。黄石国家公园以北的北落基山，东部在长列褶皱和冲断层构造基础上，以西北—东南走向的条状山脉和断层谷地相互间隔为特征；西部在美国境内深受切割，山岭和谷地间错分布。黄石国家公园至怀俄明盆地的中落基山，宽度较大。西部褶皱与冲断层构造发育，条状山脉与谷地相间；东部以单一背斜隆起为主，山体断续延伸，走向不一，其间隔以宽广的向斜盆地。怀俄明盆地以南的南落基山，由两组南北向的平行背斜褶皱山脉组成，出露前寒武纪结晶岩，山体高耸，有埃尔伯特山等48座海拔在4200米以上的高峰，为整个山脉最雄伟的部分。第四纪时，落基山区经受了强烈的冰川作用，角峰、冰斗、U形谷等冰川侵蚀地貌分布很广，海拔较高的峰峦还有现代冰川，地处高纬的北落基山尤为明显。

落基山山区植被具有垂直分异的特点，垂直带图谱受制于高度、纬度和坡向。如森林带的上界自南向北逐渐降低；下界湿润的西坡较低于干旱的东坡。黄松、道格拉斯黄杉、帐篷松、落叶松、云杉等针叶树种分布较广。

地球景观探奇

落基山是北美大陆重要的气候分界线。对极地太平洋气团东侵和极地加拿大气团或热带墨西哥湾气团西行起屏障作用，导致大陆东、西降水的巨大差异，并对气温分布产生一定的影响。西以冬雨为主，除北纬40°以北的沿海和迎风坡降水较多外，年降水量皆在500毫米以下，冬季气温则高于同纬度东部各地；东以夏雨为主，除北部高纬地区和紧靠山地的部分大平原地区降水较少外，年降水量都在500毫米以上。

落基山也是北美大陆最重要的分水岭，除圣·劳伦斯河外，北美几乎所有大河都发源于此。山脉以西的河流属太平洋水系，山脉以东的河流分别属北冰洋水系和大西洋水系。

落基山还是北美东西交通的天然障碍。但也有少数山口可通铁路和公路，现有9条铁路穿越。

矿产资源丰富，为北美著名的金属矿区，加拿大境内苏里文的锌，美国境内比尤特和宾翰的铜、银、锌、铅，科达伦的铅、银、锌，科莱马克斯的钼等，都很著名。伐木业主要分布在蒙大拿州和爱达荷州北部较湿润的山区。畜牧业（牛、羊）主要分布在南落基山，山地作夏季牧场，盆地为冬季牧场。耕作业只限于土质较好、有灌溉条件的谷地或适宜旱作的地区。

落基山山区景色奇特优美，随着交通的发展，旅游业迅速增长。有落基山、黄石、大蒂顿、冰川等国家公园以及火山、恐龙、大沙丘、甘尼森河布莱克峡谷等游览胜地。山区城镇较小，大部分随采矿业发展而兴建，或为交通、游览中心。

美妙神圣——尼亚加拉大瀑布

"尼亚加拉瀑布"也直译作拉格科或尼加拉瓜瀑布,"尼亚加拉"在印第安语中意为"雷神之水",印第安人认为瀑布的轰鸣是雷神的吼声。

据说300年前,居住在当地的印第安人震慑于自然的威力,于每年收获季节时选一天,集合全村少女,酋长站立中央,引弓对天放箭,箭尖下落,离哪位少女最近,这一少女即被选为代表,被送上独木舟,舟中装满谷物水果,从上游顺着激湍冲下,坠入飞瀑中,于是人们都说尼亚加拉瀑布的雾气,便是少女的化身。

当尼亚加拉河中深绿色的河水以雷霆万钧之势冲进瀑布底部的泡沫飞溅的大锅时,水珠四射,高扬空中。这个著名的瀑布分为两部分:亚美利加瀑布和马蹄瀑布。山羊岛分隔其间,绿树覆盖的小岛坐落在尼亚加拉河中央。

两个瀑布中也许马蹄瀑布更为出名,在加拿大边境一侧形成一个长792米的圆弧。河边的道路提供了一个近处观瀑布的理想视角,在水面呈现墨绿色玻璃似的地方,随河水滑过悬崖,转变成白色的泡沫。亚美利加瀑布较小,形成一条305米长的直线。在亚美利加瀑布基部有几堆碎石,与陡降的马蹄瀑布相对。两个瀑布均高约50米。

尼亚加拉瀑布存在仅为万年左右,从地质学上讲,这是一个较短的时期。当最后一次冰期结束时,大量的冰川开始退缩,留下了五大湖。排水系统是这样的:伊利湖经56千米长的尼亚加拉河注入安大略湖,形成一个约100米的落差。安大略湖的水依次倾入圣·劳伦斯河。

在瀑布顶层河流基岩是坚硬的白云岩,但在白云岩下面是诸如页岩和砂岩等较松软的岩层。最初,河流在现瀑布以北约11千米处,越过一个出口后直落

103

而下，但是由于白云岩下的松软的岩石被湍急的流水侵蚀，白云岩坍塌，瀑布就渐渐后退，以致今天的瀑布与其1万年前的位置有很长一段距离，在其后退过程中，留下了一个深邃的峡谷。瀑布以每年1米左右的速度后移，比法国探险家路易斯·享内宾在1678年看见时向上游后退了305米。山羊岛把河流分隔为两部分，加之尼亚加拉河至少有一半的水量被开凿水道引水发电，这就意味着现在的瀑布比过去稳定多了。

河流两岸的桥和公园提供了绝好的观景地点，其中最受欢迎的就是彩虹桥，取名于瀑布上空飞溅的水花形成的彩虹。冒着瀑布从下面汹涌翻滚的水激流勇进的游船上观看尼亚加拉瀑布的巨大能量和规模是最佳选择。

尼加拉瀑布被认为是世上最壮观的景致之一，亦特别受到度蜜月者的欢迎。它位于加拿大和美国交界的尼亚加拉河上，号称世界七大奇景之一，丰沛而浩瀚的水汽，震撼了所有前来观赏的游人。

尼亚加拉河仅长56千米，上接海拔174米的伊利湖，下注海拔75米的安大略湖。这99米的落差，使水流湍急，加上两湖之间横亘一道石灰岩断崖，水量丰富的尼亚加拉河经此，骤然陡落，水势澎湃，声震如雷。瀑布的河水从高处的伊利湖流入安大略湖，湖水经过河床绝壁上的羊岛，分隔成两部分，分别流入美国和加拿大。从加拿大这边看一大一小两个瀑布，比从美国方向看起来

更壮阔、漂亮。

　　大瀑布因其外表形成一个马蹄状而称马蹄瀑布。马蹄瀑布长约675米，落差56米。水声震耳欲聋，水汽既浩瀚又高耸。当阳光灿烂时，大瀑布的水花便会升起一道七色彩虹。冬天时，瀑布表面会结一层薄薄的冰，那时，瀑布便会寂静下来。

　　小瀑布因其极为宽广细致，很像一层新娘的婚纱，又称婚纱瀑布。婚纱瀑布长约320米，落差58米。由于湖底是凹凸不平的岩石，因此水流呈漩涡状落下，与垂直而下的大瀑布大异其趣。要观赏这个与众不同的瀑布，可以有不同的方式，而最特别的莫过于乘搭"雾少女"号观光船，穿上一身防水工具于瀑布下参观，穿梭于波涛汹涌的瀑布之间，到扑朔迷离的水雾之中，涛声惊心动魄，雾水涤尽尘嚣。

　　尼亚加拉瀑布的形成在于不寻常的地质构造。在尼亚加拉峡谷中，岩石层是接近水平的，每千米仅下降19～22米。岩石的顶层由坚硬的大理石构成，下面则是易被水力侵蚀的松软的地质层。水流能够从瀑布顶部的悬崖边缘笔直地飞泻而下，正是由松软地层上的那层坚硬的大理石地质层所起的作用。更新世时期，巨大的大陆冰川后撤，大理石层暴露出来，被从伊利湖流来的洪流淹没，形成了如今的尼亚加拉大瀑布。通过推算冰川后撤的速度，瀑布至少在7000年前就形成了，最早则有可能是在2.5万年前形成的。当时瀑布应该位于安大略湖的南岸，高度应在100米以上，声势之大，远非今天所见瀑布所能比拟的。

　　尼亚加拉瀑布及由它冲出来的尼亚加拉峡谷的形成有着特殊的地质条件，目前尼亚加拉瀑布所在地的表层岩石，属于古生代志留纪的白云岩，抗侵蚀能力极强，但这层岩石之下却是脆弱的页岩和沙质岩层，瀑布的常年冲蚀，使得石灰岩崖壁不断坍塌，致使尼亚加拉瀑布逐步向上游方向后退。据1842—1927年观测记录显示，平均每年后退1.02米，落差也在逐渐减小，照此下去，再过5万年左右，尼亚加拉瀑布将完全消失。为了挽救尼亚加拉瀑布，自20世纪50年代以来，由于美、加两国政府耗费巨资采取了控制水流、用混凝土加固崖壁等措施，取得了良好的效果，使瀑布后退速度控制在每年不到3厘米。

　　在新大陆被发现之前，尼亚加拉这一奇迹一直不为西方人所知。直到1678

年，一位叫路易斯·亨尼平的法国传教士来到这里传教，发现了这一大瀑布，禁不住为它"不可思议的美"赞叹不已，并细心地记下了自己的见闻，对这绝妙的人间仙境做了传神的描述，把这一胜景介绍给了欧洲人。1625年，欧洲探险者雷勒门特第一个写下了这条大河与瀑布的名字，称其为"Niagara"（尼亚加拉）。但让尼亚加拉瀑布真正声名鹊起的是法国皇帝拿破仑的兄弟吉罗姆·波拿巴，当时吉罗姆带着他的新娘不远万里从新奥尔良搭乘马车来到尼亚加拉瀑布度蜜月，回到欧洲后在皇族中大肆宣扬这里的美景，于是，欧洲兴起了到尼亚加拉度蜜月的风气。时至今日，到这里度蜜月仍是一种时尚。

历史上，为了争夺这块宝地，美、加（当时属英国）两国曾于1812—1814年进行过激烈的战争，战争结束后，两国签定了《根特协定》，规定尼亚加拉河为两国共有，主航道中心线为两国边界。从那时起，两国在瀑布两侧各建一个叫做尼亚加拉瀑布城的姐妹城，一个隶属于加拿大的安大略省，另一个隶属于美国的纽约州，两城隔河相望，由彩虹桥连接，桥中央飘扬着美国、加拿大和联合国的旗帜，星条旗在南，枫叶旗在北，联合国旗居中。两国在此不设一兵一卒，人民自由往来，无须办理过境手续。和平的环境也使尼亚加拉瀑布丰富的旅游资源为两国带来了更多的的回报。除发达的旅游业及随后兴起的赌博业外，食品加工、化学制品、汽车零件、金属、纸张、酿酒等行业也发展起来。尼亚加拉是国与国之间和平开发自然资源的典范，也验证着中国"和为贵"的箴言。

美加两国一直很重视尼亚加拉瀑布的旅游开发。到19世纪20年代，尼亚加拉瀑布城就已成为旅游胜地。1888年5月24日，尼亚加拉瀑布公园正式对外开放。除了分别建立一个尼亚加拉瀑布的旅游城市用于发展旅游业之外，早在1885年加拿大建国之初，加拿大政府就建立起尼亚加拉公园管理委员会，负责保护这一地区的自然、人文遗迹，规划景区的建设，安大略省政府还把尼亚

拉瀑布附近的3000英亩土地收归国有，用来建设旅游设施。

　　现在，尼亚加拉瀑布周围建设了一系列游乐设施，在加拿大一侧划为维多利亚女王公园，美国一侧划为尼亚加拉公园，瀑布四周建立四座高塔，游人可乘电梯登塔，瞭望全景，也可乘电梯深入地下隧道，钻到大瀑布下，倾听瀑布落下时雷鸣般的响声。美国居民或游客也只有来到加拿大境内，才能完整地观赏到瀑布壮丽的景色，每年前来这里参观的游客高达1400万。尼亚加拉瀑布是一幅壮丽的立体画卷，从不同的角度观赏，有不同的感受。面对大瀑布，人们一荡胸怀，在大自然这个惊天动地的杰作之中，增几分天地正气，减几许尘寰猥琐。

地球景观探奇

波涛汹涌——芬迪湾

芬迪湾呈现狭窄而逐渐变细的形状，当涨潮水进入一个不断缩小的空间中时就迫使大量的海水涌入海湾。这就像尽力把水从一个大瓶挤压进一个较小的瓶中一样，接纳了过量海水的芬迪湾变得更深了。在新罕布什尔州的大陆沿岸，芬迪湾的形状和位置造成高低潮的平均潮差的极大变幅——事实上是世界上最大的（与此相比，孤立地位于太平洋中部的塔希提岛几乎没有任何潮汐变化）潮差。

在米纳斯湾前端的伯恩考黑德处的平均潮差达14.5米，尽管曾记录到魁北克省昂加瓦湾的利夫海域最大潮差达16.6米。这些数字是不列颠群岛平均大潮差4.6米的3倍多，大约是现代两层楼房高度的2倍。这里的海岸线就是悬崖的前缘，一天潮起潮落两次，但是在有斜坡的沙滩，进潮量就很巨大。在芬迪湾这样的沙滩上是相当危险的，因为潮水来势凶猛，比人跑得要快很多，被裹挟进潮水的不良后果是遭灭顶之灾。从一个安全有利的位置上观潮时，潮水汹涌而来会给人深刻的印象。

风对水也能产生巨大影响，当狂风伴随潮水而来时，它就推挤水流，形成比平常更高的高潮。当这种情况发生时，天气预报就可能把它当做气象潮，大潮警报会建议居住在正常高潮标志附近的居民撤离居室。其影响之大有时看来就一道小的水墙移向海湾；这是一个真正的潮波，有时也称作激浪。在潮浪发生的河口，由于其逆流而上，遇到河流流入大海所产生的阻力引起波峰的破碎，就像海浪接近沙滩一样。其中著名的一例就是英国布里斯托尔上端的塞文河涌潮，浪高可达 0.9~1.2 米，上溯数千米。世界上具有涌潮的其他著名河流有法国的塞纳河，中国的长江。

湾内海底沉积物以砾石最为广泛，是一种经冰碛筛选后的滞后沉积，呈不连续的薄层状分布。沙质沉积物呈不规则斑状分布，尤以西侧较多。这是经潮流不断冲刷，在潮间带上表层形成的复杂的大波痕砂状的沉积物。泥质沉积物主要分布在大马南岛和新不伦瑞克一带，那里风浪小，紧靠河口，又处于潮流漩涡之外，所以泥质沉积物多。另外，近岸狭长地带沉积了多种类型相互混合的沉积物，在开阔海岸的波蚀岩石台地上，覆盖着种类单调来源于当地的沉积物；小湾尽头和河口两侧，则有许多沼泽和由泥和黏土组成的潮滩。

芬迪湾湾顶处还有两个狭窄的小湾：北面为齐尼克托湾，南面是米纳斯湾。那里，是世界上潮差最大的地方。通常在齐尼克托湾，大潮差达 14 米，而在米纳斯湾可达 16 米以上，甚至曾观测到得最大潮差为 21 米。产生这样大的潮差的原因有二：一是地形狭长，从湾口向湾顶的横截面越来越小，致使潮波能量向湾顶集中；二是该湾的固有振动周期近似于半日潮分量，使得湾里的潮汐振动显著地加强。

湾内，因地球偏转力效应，涨潮流偏向右（东岸），落潮流则偏向左（西岸），造成东岸的潮差大于西岸，并在芬迪湾内形成逆时针型流动的潮汐余流。潮流流速在湾口附近约 103 厘米/秒，顶端较窄处可达 205 厘米/秒；在米纳斯水道和米纳斯湾内，落潮流速可高达 560 厘米/秒。因此，强潮流就成为芬迪湾

内海水运动的主要形式。

世界海洋中的潮汐是由月亮的引力引起的，太阳的引力起的作用较小。月亮产生的引力太微弱，无法推动地球，但它足以推动地球表面的水。当地球自转时，月亮围绕地球以同样的方向旋转，在任何一个特定时间内，距离月亮最近的经线附近的水被拉向月亮，于是就形成了水量的聚积，这就是高潮。因此那里的水也形成一个高点——这就是对生的高潮。因此，当月亮围绕地球运行时，它吸引海水形成凸体，凸体不断绕地球运动，当凸体经过时就形成高潮。

闻风丧胆——马尾藻海

马尾藻海又称萨加索（葡语葡萄果的意思）海，是大西洋中一个没有岸的海，大致在北纬20°~35°、西经35°~70°，覆盖500万~600万平方千米的水域。1492年，哥伦布横渡大西洋经过这片海域时，船队发现前方视野中出现大片生机勃勃的绿色，他们惊喜地认为陆地近在咫尺了，可是当船队驶近时，才发现"绿色"原来是水中茂密生长的马尾藻。马尾藻海围绕着百慕大群岛，与大陆毫无瓜葛，所以它虽名为"海"，但实际上并不是严格意义上的海，只能说是大西洋中一个特殊的水域。

马尾藻海上大量漂浮的植物马尾藻属于褐藻门、马尾藻科，是最大型的藻类，是唯一能在开阔水域上自主生长的藻类。这种植物并不生长在海岸岩石及附近地区，而是以大"木筏"的形式漂浮在大洋中，直接在海水中摄取养分，并通过分裂成片、再继续以独立生长的方式蔓延开来。据调查，这一海域中共有8种马尾藻，其中有两种数量占绝对优势。以马尾藻为主，以及几十种以海藻为宿主的水生生物又形成了独特的马尾藻生物群落。马尾藻海的海水盐度和温度比较高，原因是远离大陆而且多处于副热带高气压带之下，少雨而蒸发强；水温偏高则是因为受暖海流的影响，著名的湾流经马尾藻海北部向东推进，北赤道暖流则经马尾藻海南部向西部流去；上述海流的运动又使得马尾藻海水流缓慢地作顺时针方向转动。马尾藻海以一股顺时针方向转动的暖流为界，该暖流亦称湾流，起自佛罗里达海峡。在其紧靠北美东海岸的流程中，建立起涡旋环流，这就是形成马尾藻海区的一种环流。剩余的湾流作为北大西洋暖流的组成部分，继续横越北大西洋，在其最终消失于北冰洋海流中之前。紧靠不列颠群岛西侧流过。

地球景观探奇

马尾藻海是一个奇特的地方,几乎是风平浪静的条件与清澄的暖水相结合。为马尾藻植物维持了一种漂浮的生态环境,通过无数的小气囊使马尾藻浮在水面上。这种海藻提供了一个与潮间带更相似的环境,而不像在大洋的中部,马尾藻海供养了一系列动物,有些还是该区的特有种类。

当马尾藻海因其浮游生态环境而声名鹊起时,正是更为闻名的欧洲鳗鱼的一次不寻常的旅游的开始和结束。马尾藻海是鳗鱼的产卵区域,鳗鱼的生命循环是如此令人惊奇,以致在20世纪早期以前无人能理解。

在正常情况下,成年鳗鱼栖居在欧洲的淡水河流和湖泊中,它们可以在那里逗留好几年,觅食、生长、积储脂肪。当雄鳗鱼长至41厘米长、雌鳗鱼长至61厘米长以后,秋季产卵的强烈欲望就会来临。它们的外表开始改变,颜色由黄变黑,眼睛也会增大。它们在夜间开始沿大小河流向下游动。返回大海的欲望是如此强烈,以致万一它们找不到一条由水塘直接通向大海的道路,它们将从水中挣扎出来,穿过潮湿的草地,寻找一条可将其带到咸水中去的河流。一旦到达大海,鳗鱼大致沿着西南方向,在60米深处游动,直至到达大陆架的边缘,潜入427米左右深处。游程约花80天,距离约5630千米。当其到达马尾藻海时,它们潜入1220米左右的深处产卵,然后死亡。

卵孵化成纤小、透明、叶状的动物,与其双亲很不相像,直至19世纪末,人们仍弄不明白两者之间的关系。这些学名为叶鳗的幼鱼从海底浮升至213米左右的深处,赶上湾流的水流,被向东运移。这一返程旅游约花两年半的时间。当其接近欧洲海岸时,它们开始变得像成年鳗鱼,尽管此时它们仍然是透明的。有些鳗鱼游过直布罗陀海峡进入地中海,甚至继续游到里海。另一些鳗鱼游经欧洲北岸,进入西欧的许多河口,更有甚者,游过卡特加特海峡,进入波罗的海。只有在其到达淡水几个月后,它们才真正开始觅食,颜色也变成常见的不透明的黄色。几年以后,强烈的欲望又导致这些动物,踏上其最后的、令人惊异的航程,在马尾藻海的深处,产下第二代的卵。

马尾藻海最明显的特征是透明度大,是世界上公认的最清澈的海。一般来说,热带海域的海水透明度较高,达50米,而马尾藻海的透明度达66米,世界上再也没有一处海洋有如此之高的透明度。所谓海水透明度,是指用直径为30厘米的白色圆板,在阳光不能直接照射的地方垂直沉入水中,直至看不见的深度。

但是,在航海家们眼中,马尾藻海是海上荒漠和船只的坟墓。在这片空旷而死寂的海域,几乎捕捞不到任何可以食用的鱼类,海龟和偶尔出现的鲸鱼似乎是唯一的生命,此外就是那些单细胞的水藻。在众口流传的故事中,马尾藻海被形容为一个巨大的陷阱,经过的船只会被带有魔力的海藻捕获,陷在海藻群中不得出,最终只剩下水手的累累白骨和船只的残骸。而百慕大三角作为这一海域上最著名的神秘地带,则将这些传说推向了极致。

在海洋学家和气象学家的共同努力下,马尾藻海"诡异的宁静"和船只莫名被困的原因被找出来了。原来,这块面积达300万平方千米的椭圆形海域正处于四个大洋流的包围中。西面的湾流、北面的北大西洋暖流、东面的加纳利寒流和南面的北赤道暖流相互作用的结果,使马尾藻海以顺时针方向缓慢流动,这就是这里异乎寻常的原因。正是因为这种原因,才会使古老的依赖风和洋流助动的船只在这片海域踟蹰不前。由此,马尾藻海盐分偏高、海水温暖、浮游生物众多的问题,也都纷纷迎刃而解。虽然马尾藻海中的海藻被证实了并非是阻挡船只前进并吞噬海员的魔藻,但笼罩在它头上的神秘光晕却并未因此而消失。

世界上的海大多是大洋的边缘部分,都与大陆或其他陆地毗连。然而,北大西洋中部的马尾藻海却是一个"洋中之海",它的西边与北美大陆隔着宽阔的海域。其他三面都是广阔的洋面。所以它是世界上唯一没有海岸的海,因此也没有明确的海沟划分界线。马尾藻海的位置大致位于北纬20°~35°、西经

30°~75°，面积约有几百万平方千米，由墨西哥暖流、北赤道暖流和加那利寒流围绕而成。

马尾藻海，布满了绿色的无根水草——马尾藻，仿佛是一派草原风光。在海风和洋流的带动下，漂浮着的马尾藻犹如一条巨大的橄榄色地毯，一直向远处伸展。除此之外，这里还是一个终年无风区。在蒸汽机发明以前，船只只得凭风而行。那个时候如果有船只贸然闯入这片海区，就会因缺乏航行动力而被活活困死。所以自古以来，马尾藻海就被看作是一个可怕的"魔海"。1492年8月3日早晨，意大利航海家哥伦布率领的一支船队，就在那里被马尾藻包围了。他们在马尾藻海上航行了整整三个星期，才摆脱了危险。

马尾藻海远离江河河口，浮游生物很少，海水碧青湛蓝，透明度深达66.5米，个别海区可达72米。因此，马尾藻海又是世界上海水透明度最高的海。

马尾藻海中生活着许多独特的鱼类，如飞鱼、旗鱼、马林鱼、马尾藻鱼等。它们大多以海藻为宿主，善于伪装、变色，打扮得同海藻相似。最奇特的要算马尾藻鱼了。它的色泽同马尾藻一样，眼睛也能变色，遇到"敌人"，能吞下大量海水，把身躯鼓得大大的，使"敌人"不敢轻易碰它。

鬼斧神工——石质化森林

美国西南部的科罗拉多高原骑跨在犹他州、科罗拉多州、亚利桑那州和新墨西哥州的福科纳斯交会点上。受到西侧的加利福尼亚海岸山脉和东侧的落基山主山链的限制，这一沙漠之乡拥有许多特别壮观的景色。在福科纳斯的322千米的半径范围内，有不少于27个国家公园和纪念地，其中大部分都与沙漠有关。其中之一就是石化林国家公园。

区内大部分岩石都是在2.3亿年至7000万年前的中生代沉积的砂岩，当时的气候明显不同于今天的气候。大部分地区曾经是地势低下的沼泽化泛滥平原，生长着以针叶树为主的茂密森林，其中有些树高达61米。地质学家通过杂乱铺陈于该地的树干化石得出了上述结论。实际上，并非所有的树都生长在其倒下的地方，许多树原先长在南方的山丘上，后被风暴击倒后，又被紧随而至的湍急洪水冲到这里。雨水把砂和泥冲出山丘，而树则逐渐被淹埋于沼泽中。

在正常情况下，倒下的树木将会腐烂，但是，被沉积物迅速掩埋后，反而有助其防腐。多层火山灰与象征火山活动的沉积物混合在一起，从沉积物中渗滤出来的地下水溶解了某些矿物质，然后将二氧化硅矿物再淀积于树的细胞中，逐渐地取代木质。这样，树就被石化了——毫不夸张地说，变得像硬石一般。由于沉积物不断堆积，它们就越埋越深，被原样地保存下来。最后，该地区又遭受一次浅海入侵，深厚的其他沉积物对沙和泥加压并使其硬化，直至变成砂岩和页岩。

接近中生代末期，大约7000万年前，西侧发生了较大的地质变动，东侧的洛基山脉开始形成。浅海的水逐渐排去，侵蚀力开始作用于显露的海底。以前几百万年间沉积的沉积岩被逐渐搬移，直到石化树重新出露地表。

今天，国家公园内的石化树得到保护，不使其成为收藏物。其颜色的变幅，取决于取代矿物的成分。碧玉产生一种不透明的砖红色，紫晶则为净紫色，玛瑙则五彩缤纷。有些树相当巨大，长达30米，虽然最大的树常分成可连接起来的几段出现，但是，要连接好也是一个大难题。

过去的沼泽条件与今天的干旱沙漠气候之间的反差提醒我们，地球在很大程度上是一颗情况在不断变化中的活行星。

在石化林地区内，有着许多沙漠景观突出的自然特点。彩色沙漠是地质特征上色彩最丰富的沙漠之一。它位于石化林和西北方的大峡谷之间，在犹他州的科罗拉多河上游，是虹桥、天生桥国家纪念地和阿切斯国家公园，河流在这里切穿岩石，侵蚀出巨大的拱顶。虹桥是世界上最大的天然拱顶，长82米，宽6.5米；而阿切斯国家公园里的兰德斯卡帕桥是最长的天然拱顶，长89米，宽1.8米，由此往西是不同凡响的布赖斯峡谷。

第四章
南美景观探奇

地球景观探奇

绚丽多姿——安第斯山

在南美洲安第斯山区各民族的古老传说中，都提到一个身材高大、皮肤白皙、满脸胡须的神秘客。尽管在不同的地区他有不同的名字，但在人们的心目中他永远都是维拉科查神——"大海的浪花"——具有无边的智慧和法力，在一个动荡不安的时代中降临人间，负起拨乱反正的使命。

安第斯山地居民传说中的维拉科查神话，版本纵有不同，基本情节却是一致的。故事开始时，一场大洪水淹没整个大地，太阳的消失使人间陷入茫茫黑暗中。社会分崩离析，老百姓流离失所。就在这个时候：南方忽然来了一个身材魁梧、相貌堂堂的白人。此人法力无边，将丘陵转变成山谷，从山谷筑起高耸的山丘，让溪水流淌出石隙……

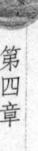

记录这个传说的是早期西班牙史学家，他是在安第斯山区漫游的旅程中，从同行的印第安人嘴里听到这则故事，而那些印第安人是从父亲口中听到这个世世代代通过古老歌谣流传下来的故事的。他们说，这个白人沿着高原上的路径往北行走，一路施展法术，留下许多神奇的事迹，但此后人们再也没看见过他。行踪所至，他总会以无比的慈悲，苦口婆心劝导人们互敬互爱，和睦相处，建立一个祥和的社会。大多数地区的老百姓都管他叫帝奇·维拉科查。

其他地区的印第安人则称呼他为华拉科查、孔恩·帝奇、康恩·帝基、苏奴帕、塔帕克、图帕卡或伊拉。他多才多艺，既是科学家和工程师，也是雕刻家和建筑师。根据一项记载："他在陡峭的山坡上开辟梯田，建立一道道坚固的墙壁支撑田畦。他开凿沟渠，灌溉农田……他日夜奔波，为老百姓谋福利。"

维拉科查也是教师和医疗家，时时为老百姓解除身心的苦痛。据说，"所到之处，他治疗无数病患，让所有盲人都恢复视力"。

然而，这位满怀慈悲、谆谆教诲百姓、具有超人能力的大善人，个性中也有暴戾的一面。生命遭受威胁时（此事发生过好几次），他会请求上苍降下天火。他一路宣扬教化，创造一桩又一桩奇迹，最后来到卡纳斯地区一个名为卡查的村庄……附近的老百姓不听他的教诲，挺身反抗他，威胁用石头砸死他。他们看见他跪在地上，举起双手伸向天空，仿佛祈求上苍帮助他解除困厄。印第安人宣称，就在这当口，他们看见天空出现一簇火光，往他们头顶降落下来，把他们团团围困。在惊慌失措下，他们纷纷跑到他身边，请求这个他们打算杀害的人放他们一条生路……他一声令下，天火登时熄灭；那些石头已经全都被火烧熔，连最大的石头也变得软绵绵的，如同软木一般。印第安人继续陈述：这件事发生后，他离开卡查村，来到海边，举起斗篷走进波浪之中，

不再回来。印第安人看见他消失在大海中,就替他取了个称号"维拉科查",意即"大海的浪花"。

安第斯山脉是陆地上最长的山脉,也是世界上最长的山脉,属美洲科迪勒拉山系,是科迪勒拉山系主干。南美洲西部山脉大多相互平行,并同海岸走向一致,纵贯南美大陆西部,大体上与太平洋岸平行,其北段支脉沿加勒比海岸伸入特立尼达岛,南段伸至火地岛,跨委内瑞拉、哥伦比亚、厄瓜多尔、秘鲁、玻利维亚、智利、阿根廷等国,全长约8900千米。一般宽约300千米,最宽处(南纬20°沿线)为800千米,由一系列平行山脉和横断山体组成,其间有高原和谷地。海拔多在3000米以上,超过6000米的高峰有50多座,其中汉科乌马山海拔7010米,为西半球的最高峰。地质上属年轻的褶皱山系,地形复杂。南段低狭单一,山体破碎,冰川发达,多冰川湖;中段高度最大,夹有宽广的山间高原和深谷,是印加人文化的发祥地;北段山脉条状分支,其间有广谷和低地。多火山,地震频繁。图蓬加托火山,海拔6800米,是世界上最高的活火山。是南美洲诸重要河流的发源地。气候和植被类型复杂多样,富森林资源以及铜、锡、银、金、铂、锂、锌、铋、钒、钨、硝石等重要矿藏。山中多垭口,有横贯大陆的铁路通过。

安第斯山区的主要矿藏有有色金属、石油、硝石、硫黄等。有色金属矿多与第三纪、第四纪火山活动和岩浆侵入有关，特别是以矿脉和岩脉形式侵入到上层的岩浆体，如安山岩、闪长岩、玢岩等。最突出的是铜矿，矿区从秘鲁南部至智利中部，为世界最大的斑岩型铜矿床的一部分，世界最大的地下铜矿采矿场就在此山脉中，在地底深达1200米处，采矿坑道总长超过2000千米。石油主要分布在安第斯山北段的山间构造谷地或盆地中。

气候和植被类型复杂多样，垂直分带明显，随纬度、高度和坡向而异。北段地处低纬，综合反映热带湿润的基本特征。低地和低坡地带终年高温，年平均气温在27℃以上，年降水量多超过2000毫米，热带山地常绿林所占比重很大。由下向上，气候和植被类型依次更替，直至高山冰雪带，垂直带图谱完整。中段自北向南气温年较差增大，降水量减少，主要反映干旱特征。南段地处中、高纬，体现温凉湿润特征。最冷月平均气温在0℃以上，最热月平均气温低于10℃。

雄伟壮观的安第斯山脉是南美洲开发最早的地区，中段山区保留着古代印加帝国的许多文化遗迹。居民主要为印欧混血种，其次为印第安人克丘亚族和艾马拉族。泛美公路沿纵向谷地和海岸沟通安第斯山区各国。

雄踞七国的安第斯山脉长约9000千米，几乎是喜马拉雅山脉的三倍半，这里山势雄伟，绚丽多姿，是世界上最壮观的自然景观之一。安第斯山脉属科迪勒拉山系，这个山系从北美一直延伸到南美，全长18 000千米，是世界最长的山系。安第斯山脉有许多海拔6000米以上、山顶终年积雪的高峰。南部山脉中的阿空加瓜山为安第斯山最高峰，海拔6959米，它也是世界上最高的死火山。尤耶亚科火山海拔6723米，是世界最高的活火山。南美洲多火山，它们主要分布在安第斯山，这里共有40多座活火山。安第斯山脉孕育了无比巨大的铜矿，这里有世界最大的地下铜矿，深入地表以下1200米，庞大的地下坑道总长超过2000千米，采矿的自动化程度极高，地下生活设施完善。

20个英国环保组织在拉丁美洲召开大会讨论全球变暖的影响，一份安第斯山脉冰川正在融解的报告令在场的科学家震惊。

报告指出，安第斯山脉的查卡塔亚冰山是玻利维亚数座城市的主要水源，然而它将在15年后彻底融化；安第斯山脉延续在秘鲁境内的著名山峰胡阿斯卡鲁，山上冰雪已经融化了1280公顷，冰山覆盖率仅为30年前的40%；智利的奥希金斯冰山100年来"缩水"了15千米；阿根廷的乌帕萨拉冰山正以每年14米的速度消失。在哥伦比亚，冰山较之1850年消失了80%，而厄瓜多尔的主要冰山在20年间损失一半。

秘鲁水资源管理机构主席卡尔门·菲力普说："安第斯山脉冰雪的这种融化速度意味着灾难的来临。从短期看，我们在不久的将来会遭遇严重的洪灾和泥石流，而从长远看，我们将失去赖以生存的水资源。"

根据哥伦比亚环境部门1983年的报告，哥伦比亚的埃尔·科库伊国家公园的5座冰山将在300年后消失，但在去年，该部门再次得出结论，它们的消失时间是25年。菲力普称，"冰雪融化，人们开始在高原开垦土地采伐树林，这种恶性循环导致严重的水土流失。"科学家们表示，安第斯山脉的积雪加速融化的主要原因是全球变暖，它导致安第斯山脉的降雪降雨变得极不规律。自1970年来，安第斯山脉，尤其是山脉东部的降雨量不断增大，已经引发数次大规模洪灾。但在南美洲中部和智利南部，降雨量却逐年减少。2005年，亚马孙盆地还发生特大旱情。

在今后50年，南美洲四周海平面将持续上升，直接威胁到拉丁美洲的60个沿海大城市，这些城市将面临飓风的严峻挑战。

科学家们建议拉丁美洲各国政府不要再犯美国和欧洲等国的错误，不要轻易在本国修建大坝，也不要过度开采煤炭与石油资源，因为这些行为都有可能导致气候变化、冰川融解。在智利与阿根廷边境上正在实施的Pascua Lama金矿项目将导致3座矿山的积雪融化，这些雪水夹杂着开矿时产生的有毒物质从山上流下，会对人们生活造成危害。

富裕神秘——亚马孙热带雨林

美丽而神秘的亚马孙流传着这样的传说：亚马孙族是一个谜一样的女战士族。亚马孙一族发源于小亚细亚蓬托斯的特尔蒙顿地方的峡谷和森林之中。她们的首都是尤克森沿海的特弥斯库拉（今天土耳其黑海沿岸的特尔密）。根据习俗，男人是不能进入亚马孙人的国境的，但亚马孙人每年都会到访高加索的戈尔加利安斯，为的是传宗接代——在这个联婚盛会上生下来的女婴都会交由亚马孙一族养大成人。每一个亚马孙女战士长大成人时都会烧掉或切去右边乳房，以便投掷标枪或拉弓射箭。但在联婚大会上诞生的男婴就没有那么幸运了，他们一生下来就会被杀死或送回父亲身边。另一说是亚马孙人会囚禁一定数目的男人，以作"播种"之用，而且这些人都是奴隶的身份，并且在任务完成后就将他们处死。相传这些可怜的男人会被砍断手、脚，以防叛乱。

不管有没有男人在亚马孙的国家中，确实只有女人在亚马孙的军队之中。她们不只负责保卫国家，而且还入侵相邻的国家。亚马孙军队有骑兵和步兵，她们打仗时手持有新月图案的盾牌，挥舞着长矛、弓箭和战斧。她们的一生都充满了征战和为了战争的训练，要不就是训练未成年的亚马孙小战士。她们在女王的统治下，崇信战神阿瑞斯，因为她们相信自己是战神的后代；除战神外，她们也崇信狩猎女神阿尔特弥斯。

最广为人知的有关亚马孙女战士的故事，要算是古希腊的英雄史诗中所记载的了。伟大的诗人荷马用了很多笔墨去形容亚马孙女战士的英姿，令她们的故事流芳百世。但当古希腊史学家们找到了特尔蒙顿地区，却连亚马孙女战士的头发也没找到一根的时候，他们也只能猜测是不是海格力斯已经将她们屠杀殆尽了，还是她们被赶到了其他地方。所以在后来的神话传说中，亚马孙族总是不断地搬离她们的故乡，但她们总是住在希腊人脑海中世界的边缘。也有人说亚马孙族有一支是南高加索的科尔卡斯一带的绪提安人。更有人认为在非洲也有亚马孙族的支族。但不管怎样，亚马孙人在希腊人眼中都是野蛮的民族。

希波吕特和彭特西勒亚这两个亚马孙人的女王，经常出现在希腊的神话之中。

相传海格力斯要完成欧律斯透斯的12件工作，而第九件就是要拿到亚马孙女王希波吕特身上的皮带，战神阿瑞斯给她的。当海格力斯到达特弥斯库拉之后，希波吕特马上被这个半神人的俊美外表所震慑，甘心交出腰带，但万神之母赫拉憎恨海格力斯，于是变身为亚马孙人，散播谣言说有一个外乡人要夺去她们的女王。于是亚马孙女战士倾巢而出，与海格力斯决一死战。首先出战的是暴风埃拉，虽然她跑得如旋风一样比她快，但海格力斯还要快，并追上去将埃拉杀死。第二个亚马孙人刚一出手就倒下了。第三个叫做普洛托厄，虽然她有七次单挑胜利的战绩，但海格力斯还是杀了连她在内的九个女战士。发誓一生不嫁的阿尔卡珀也倒下了，她并没有在她短暂的一生中违背誓言。当亚马孙人无敌的领袖墨拉尼珀被俘后，其他人也四散逃去，而希波吕特也献出了一早就许诺了的腰带。另一说就是海格力斯面对亚马孙人的军队，单骑迎战，并用单手就大败亚马孙女战士，同时杀死了希波吕特。

比海格力斯迟了一些时候，传说中的雅典国王特修斯也与亚马孙人进行了一场战争。传说特修斯强抢了安提厄普，她的姐姐俄瑞提亚发誓要报此仇，并带大军攻打希腊重镇阿提卡。经过四个月的鏖战，亚马孙军被雅典军打败。有人说安提厄普在战争中丧生。但也有人说在战后，安提厄普在特修斯的婚礼上

（不是与她的婚礼）诅咒来宾而被特修斯所杀，但在死前为特修斯生下希波吕托斯。

在另外的神话中，传说希波吕特在特修斯婚礼后带兵攻打他，但是在战斗中误被其姐彭特西勒亚所杀，在复仇三女神的追击下，彭特西勒亚不得已而投靠特洛伊。在那里，老国王普里阿摩斯洗净了她的杀亲之罪。为报此恩，彭特西勒亚加入了特洛伊的军队。作为战神的女儿，她作战时十分英勇，但还是在十年战争中被希腊最伟大的英雄阿卡琉斯所杀。但阿卡琉斯也忍不住为美丽的彭特西勒亚的死而悲叹莫名，并抑制不住对这位英勇而美丽的女王的爱情，而与她的尸体发生了关系。希腊军中最丑陋又多言好斗的特耳西特斯以此事嘲笑阿卡琉斯的多情和变态的情欲，被阿卡琉斯手刃于军中。这件事激怒了另一位希腊最伟大的英雄——狄俄墨得斯（特耳西特斯的堂兄弟），但他自知打不过阿卡琉斯也不想扰乱军心，所以一气之下把彭特西勒亚的尸体仍进了斯卡曼德洛斯河中。

另一个较后一些的故事是描述亚马孙女王塔勒斯里斯拜访亚历山大大帝，并与其共度13个日夜，以求一女的事迹。虽然这个故事前后有14个版本，但最终证明只是一个虚构的故事而已。

亚马孙族是一个绝对女权至上的民族，但她们也酷爱希腊的雕刻和绘画。在描写亚马孙女战士的最初的图画中，她们的衣着和希腊士兵无异，但通常只

戴一边护胸镜。在公元前5世纪的波斯战争后,亚马孙女战士又多以东方的、戴帽和穿长裤的打扮出现在古籍中。而且有关只有一边乳房的描述也消失了。

根据最新的研究表明,有关亚马孙女战士的神话,可以追溯到古代亚洲一些专为服侍某位神祇而武装起来的奴隶女兵。但最接近现实的解释则是在古希腊,人们把一些有关那些在西南亚的一些母系氏族,和一些比希腊女性生活得更艰苦的部落女性的花边新闻,加以夸大和想象。但无论如何,亚马孙女战士的神话传说,依然是最脍炙人口的神话传说之一。

在现实生活中,竟然也有亚马孙族的存在。那是在南美洲圭亚那附近的一个落后的母系氏族,她们定期与邻族聚会,在聚会期交配,留下女孩,送回男孩。她们只囚禁俘虏,并作传宗接代之用,但最后俘虏是难逃一死的。她们嗜血如命,好勇斗狠,且最痛恨外族的入侵。

位于南美洲的亚马孙河是世界上流域最广、流量最大的河流。它水量终年充沛,滋润着800万平方千米的广袤土地,孕育了世界最大的热带雨林,并被公认为世界上最神秘的"生命王国"。

南美北部亚马孙河及其支流流域,为大热带雨林,面积600万平方千米,覆盖巴西总面积的40%。北抵圭亚那高原,西界安地斯山脉,南为巴西中央高原,东临大西洋。

亚马孙河流域为世界最大流域,其雨林由东面的大西洋沿岸(林宽320千米)延伸到低地与安地斯山脉山麓丘陵相接处,形成一条林带,逐渐拓宽至1900千米。雨林异常宽广,而且连绵不断,反映出该地气候特点:多雨、潮湿及普遍高温。

亚马孙热带雨林蕴藏着世界最丰富多样的生物资源,昆虫、植物、鸟类及其他生物种类多达数百万种,其中许多科学上至今尚无记载。在繁茂的植物中有各类树种,包括香桃木、月桂类、棕榈、金合欢、黄檀木、巴西果及橡胶树。桃花心木与亚马孙雪松可作优质木材。主要野生动物有美洲虎、海牛、貘、红鹿、水豚和其他动物,亦有多种猴类。

20世纪,巴西迅速增长的人口定居在亚马孙热带雨林的各主要地区。居民伐林取木或开辟牧场及农田,致使雨林急剧减少。20世纪90年代,巴西政府

及各国际组织开始致力保护部分雨林免遭人们侵占、开辟和毁坏。

　　安第斯山以东，就是亚马孙热带雨林了，这是世界上最大的雨林，具有相当重要的生态学意义，它的生物量足以吸收大量的二氧化碳，近年来保护亚马孙热带雨林已经成为一个重要的论题了。亚马孙热带雨林依靠亚马孙河流域非常湿润的气候，亚马孙河和它的100多个支流缓慢地流过这片高差非常小的平原，河岸旁的巴西城市马瑙斯距离大西洋有1600千米，但海拔只有44米。

　　这个雨林的生物种类繁多，聚集了250万种昆虫，上万种植物和大约2千种鸟类和哺乳动物，生活着全世界鸟类总数的1/5。有的专家估计每平方千米内有超过75 000种的树木，15万种高等植物，包括有9万吨的植物生物量。

地球景观探奇

充满诱惑——沥青湖

在特立尼达羽状叶棕榈树的翠绿丛中，广泛分布着一种油质黏性的灰黑色泥土，这可以说是特立尼达最著名、但并非最美丽的特点。尽管如此，来特立尼达沥青湖参观的人流却源源不断，似乎足以证明此地的自然景观具有一种奇特的魅力。

该湖位于特立尼达岛西南海岸，据说这是世界上最大的沥青矿，它由40%的沥青、30%的黏土和30%的盐水组成。据估计，沥青湖深达82米，占地面积45公顷。奇怪的是，许多小型的岛状植物星罗棋布地分布于湖泊的周围，腐烂的植物的枯枝落叶堆积在地表的坑洼里，形成富集的堆肥，使矮小的灌木丛得以生长。250多年前，外来文明第一次闯入这里。一些西班牙拓荒者将其命名为拉布雷沥青湖。散落的动物骨骼没有引起他们的注意，以为不过是些不幸的野牛而已。1906年一队考古学家惊喜地发现，沥青湖底整整埋藏了几万年的动物历史。从那时起，科学家在方圆不到0.4平方千米的区域内，对100多个沥青坑进行发掘。随着发掘的深入，发现的宝藏越来越多。

如今，拉布雷沥青湖已成为洛杉矶自然历史博物馆的一部分，当人们走进这片神奇的地域，听着那一段段久远的童话般的故事，不能不为这里聚集着大量史前生物化石而惊叹。在91号沥青坑中，科学家发现95%的哺乳动物骨骼来自7种动物：西部野马、古野牛、身高2米的陆地树懒、惧狼、剑齿虎、北美狮和山狗。除了山狗，其他动物现都已灭绝。但由于沥青的迅速掩埋作用，它们被完整地保存下来。通过对骨骼进行碳同位素和氮同位素测定，科学家分析出了这些动物的习性及变化。

　　科学家还发现了珍贵的植物。黏稠的沥青把植物的种子和花粉包裹起来储藏至今。科学家们通过研究这些不同时期的种子和花粉，就可以发现地球上万年来的气候变化。此外，这里还发现了人类的足迹。大约1万年前，一名30岁左右的印第安妇女不幸遇害，尸骨被抛进了沥青湖。经考证科学家得出结论，这名妇女的体型特征与加州峡岛印第安人相近。可以肯定，当时的印第安人已经利用这些天然的沥青来装饰器皿、修补漏洞、维修棚屋。沥青湖内物种之丰富令人叹为观止。已确认的350万件动植物化石中，至少包括231种脊椎动物、234种无脊椎动物和159种植物。至今挖掘出的骨化石总重量已超过100吨。它们像矩阵一样层层堆积。仅4号沥青坑就发现了174匹狼、90只剑齿虎、14匹马、8只骆驼和7头狮子的骨骼化石，拉布雷沥青湖因此被称为世界上最丰富的冰河期物种化石研究宝库。

　　然而在拉布雷沥青湖中却没有发现恐龙。原来数百万年前，洛杉矶和拉布雷沥青湖地区一直沉睡在太平洋底。恐龙灭绝很长时间以后，约10万年前，这片地区才由于地壳运动成为陆地。又经过了几万年，地下的原油通过裂缝渗漏出来，并逐渐形成了焦油沥青沉积层。

　　对湖泊中的沥青和焦油进行工业开采，至少有100年了。每条开挖的地沟内，马上又涌进了新的沥青，抹去了人类干预的痕迹。哥伦布于1498年发现特立尼达。差不多一个世纪后，英国冒险家沃尔特·雷利爵士访问该岛，在其船上用了沥青，宣称这里的沥青质量远胜于挪威的沥青。今天，沥青大部分用于敷设当地道路的路面。

　　虽然由于含硫气体的受力外逸，到处都迸发气泡，"噼啪"作响，但湖面的柏油却十分坚固，人可以在上面行走。湖面看起来好像是由厚厚黏黏的沥青褶皱铺成一样。雨水汇集在褶皱之间的低洼处，沥青中的油散布在各个水潭，在变幻的光照下，形成色彩各异，熠熠生光的彩虹颜色。据当地传说，沥青源的原址曾是一个名叫恰马的印第安人村落，后被沥青湖填没，这是由于村民胆敢以神圣的蜂鸟为食，神灵于是降祸于他们。

根据科学家研究，沥青湖曾位于海底。大约5000万年以前，大量微小的海洋生物体死于海底，被分解成油，浸入渗透性岩石中。地壳的变动促使油返回地表，并受太阳熏烤，成为硬实的地层。

沥青湖并非是静态的事物，新的沥青正在不断地渗出地表，并以缓慢移动的形式向周边施压。

特立尼达沥青湖不是独一无二的，与其邻近的委内瑞拉也有一个沥青焦油湖，而拉布里亚的沥青焦油矿床位于繁华的洛杉矶（与美国洛杉矶同名，但并非同一地方）中心。这里的焦油矿由篱笆相围，防止人们跌落其中而变成陷阱——这是200年前西班牙创建城市以前很长一段时间里降临在成百上千的动物身上的一种灾难。1875年，地质学家推测，焦油矿内很可能有保存完好的动物尸骨，但是，直到30年后考古学家才开始考察这不断冒泡的沥青焦油矿的成分，挖掘出了50多万根动物骨头，包括剑齿虎、猛犸、现已绝迹的一种熊、翼幅达4米的巨型秃鹰，以及多种啮齿类动物、蜥蜴和昆虫。拉布里亚的动物骨骼，成为世界上15 000年以前动物的最大收藏品，现已收藏在洛杉矶县博物馆内。

高原明珠——的的喀喀湖

的的喀喀湖是南美洲印第安人文化的发源地之一。印第安人称之为圣湖。传说中，水神的女儿伊卡卡爱上青年水手蒂托，水神发现后大怒，将蒂托淹死。蒂托死后化为山丘，伊卡卡则变成浩瀚的泪湖，印第安人将他俩的名字结合一起称为的的喀喀湖。阿依马拉族也认为，他们世代崇拜的创造太阳和天空星辰的神祇也来自湖底。

也有这样的传说：太阳神在的的喀喀湖上的太阳岛创造了一男一女，而后子孙繁衍，成为印加民族。因为湖区周围群山中蕴藏着丰富的金矿，印第安人用黄金制成各种各样的装饰品随身佩戴，便把它取名为丘基亚博（即"聚宝盆"的意思）。有一天，太阳神的儿子独自外出游玩，不幸被山神豢养的豹子吃掉了。太阳神悲痛欲绝，泪流满湖。印第安人同情太阳神，痛恨豹子，纷纷上山猎豹，杀了豹子作为供品，追悼太阳神的儿子。后来，人们又在太阳岛上建起了太阳神庙，把一块大石头象征豹子，放在太阳神神庙里，代替祭祀的祭品，世世代代使用，所以这块大石头就叫"石豹"。"石豹"在印第安克丘亚语中就是的的喀喀。所以湖名就由"丘基亚博"逐渐变为"的的喀喀"了。

的的喀喀湖面积有 8330 平方千米，海拔 3812 米，水深平均 100 米，最深

处可达256米。是南美洲海拔最高、面积最大的淡水湖,也是世界海拔2000米以上面积最大的淡水湖。它位于玻利维亚和秘鲁两国交界的科亚奥高原上,其中2/5在秘鲁境内,被称为"高原明珠"。

一般内陆湖都是咸水湖,可的的喀喀湖虽说是内陆湖,却是个淡水湖,湖水清澈甘美,可以饮用。原来,的的喀喀湖附近安第斯山上大量的高山冰雪融水,不断地流入湖内,湖水又通过德萨瓜德罗河向东南方向奔流,进入波波湖,湖内大量的盐分也随之排入波波湖内。

的的喀喀湖是拉丁美洲著名的旅游胜地。这里湖光山色,交相辉映,景色秀丽,引人入胜。泛舟湖上,可以看到许多的的喀喀湖特有的名叫"巴尔萨"的小舟在捕鱼,这种渔船是用当地出产的香蒲草捆扎而成的。还有许多"浮岛"在湖中漂来荡去,上面住着三五户人家,这些"浮岛"并非陆地,而是用香蒲草捆扎而成的。"巴尔萨"和"浮岛"构成了的的喀喀湖上的独特风光。

优美的自然环境,湖区周围肥沃的土地,哺育着世世代代的印第安人,使的的喀喀湖成为古代光辉灿烂的印加文化的摇篮,著名的蒂亚瓦纳科(古印加帝国一支印第安部族的首都)就建在的的喀喀湖畔(后因湖水退走,城市才远离湖岸20余千米),蒂亚瓦纳科之名在古印第安语中意为"创世中心",古代印第安人就在这一带发展了灿烂的蒂亚瓦纳科文化,在建筑、雕刻、绘画、几何学、天文学等方面达到了很高的水平,在蒂亚瓦纳科遗迹中,太阳门驰名于世,它用巨石雕凿而成,宽3.84米,高2.73米,厚0.5米,门上饰有花纹,最下一排刻有"金星历",中央为太阳神像,左右有三行八列鸟人,每年9月22日(南半球春分日)时,正午阳光直穿太阳门,说明当时的蒂亚瓦纳科人已经掌握了高深的天文学知识,在那技术不发达的旷古年代,在当地不产巨石的情况下，蒂亚瓦纳科人是用什么方法运来如此沉重的巨石，是如何雕凿加工这些巨石的？为什么他们的天文学水平如此之高？这些还都是不解之谜。

　　的的喀喀湖真正的魅力在于它独特的自然人文资源。海拔3800米以上才有的清冽稀薄的空气，更接近太阳本色的阳光，比天空更湛蓝的湖水。在这里，殖民文化和印第安文化被奇妙地融合了，形成了该地区特有的地域文化。当地人至今仍使用印第安语言，保持印第安生活传统，却个个都是虔诚的天主教徒。乌鲁斯人的漂流岛，是的的喀喀湖上最受欢迎的旅游项目。乌鲁斯人是印第安阿依马拉族的一支。作为一个小部落，他们为了避开印加等帝国的侵略而逃到了湖中。他们择"芦"而居，吃芦笋，用芦苇根造出巨大的浮岛，在岛上用芦苇造房子，造船，造一切生活必需品。他们知足常乐，在漂流岛不大一方天地里，世世代代生活下去，将用苇草制物的手艺口口相授。

地球景观 探奇

跨越两国——伊瓜苏大瀑布

当地印第安人的瓜拉尼语称该瀑布为"伊瓜苏",意为"大水"。当地有这样一个美丽的传说:某部族首领之子站在河岸上,祈求诸神恢复他深爱的公主的视力,所得回复是大地裂为峡谷,河水涌入,把他卷进谷里,而公主却重见光明,她成为第一个看到伊瓜苏瀑布的人。

1541年,西班牙探险家德维卡来到这里,他是最早发现这条瀑布的欧洲人。德维卡并不觉得伊瓜苏瀑布特别壮观,只形容为"可观",他描绘伊瓜苏瀑布,说它"溅起的水花比瀑布高,高出不止掷矛两次之遥"。耶稣会教士继西班牙人来此传扬基督教,建立传教机构。其后,奴隶贩子来此掳掠瓜拉尼人,卖到葡萄牙和西班牙种植园去。耶稣会教士于是留下保护瓜拉尼人。西班牙王查理三世竟然听信了庄园主的谗言,于1767年把该会教士逐出南美洲。在阿根廷波萨达斯附近,仍保留着一座耶稣会的古建筑,称为圣伊格纳西奥米尼,建

于1696年，是观赏瀑布的旅游中心。

伊瓜苏河发源于塞罗多马，紧靠圣保罗南部的巴西海岸，向西流入内陆，流程约1320千米，河流顺着蜿蜒曲折的河道流淌，在穿越巴拉那高原之前，因支流汇入而河水上涨，河流途经70多个瀑布，使航道不时中断。其中最大的为纳空代瀑布，落差40米，几乎和尼亚加拉大瀑布相当。伊瓜苏最终流到巴拉那高原边缘，在其汇入巴拉那河前不远处，在伊苏瀑布上方直泻而下。

此处的伊瓜苏河宽约4千米，在壮观的新月形陡崖处倾泻而下。共有275股独立的大小瀑布，其中有些瀑布径直插入82米深的大谷底，另一些被撞击成一系列较小的瀑布汇入河流。这些小瀑布被抗蚀能力强的岩脊所击碎，腾起漫天的水雾，艳阳下浮现出闪烁不定的绚丽彩虹。在两条小瀑布之间的岩石突出处，绿树密布；棕榈、翠竹和花边状的树蕨构成丛林周围的前哨。树下，热带野花——秋海棠、凤梨科植物和兰花透过下木层争奇斗妍。穿梭于树冠层的各种鸟类，如鹦鹉、金刚鹦鹉及其他披艳丽羽毛的鸟类形成了缤纷的色彩。

巴西和阿根廷双方的国家公园均位于瀑布的某一侧，通常需要经由另一侧才能接近瀑布。也许从直升机上能获得最佳视点，惊心动魄的全景尽收眼底。但是最具刺激性的体验瀑布的方法，是行经跨越河流上空的狭窄通道，从紧靠山脉的一侧横越瀑布至远端的一侧。偶尔，小路也会被洪水充盈的河流冲掉，如果你紧靠这一地区，就会感受到因河水直泻深渊而迸发出来的巨大能量。

每年的11月到第二年的3月是此处的雨季，瀑布最为壮观。但是，在一年

中任何时间里都有美景。尽管持续的急流给人以恒久的印象,但是,**据悉**,瀑布也有断流的时候。1975年5月和6月,天气特别干旱,河流逐渐断流,25天内没有一滴水流经崖边,使得当时的游客非常扫兴,这是自1934年瀑布干涸以来的第一次断流。

  在上巴拉那河上,与伊瓜苏河汇合处的上游160千米处是萨尔托多斯塞特奎达斯瀑布,或叫瓜伊拉瀑布。这条瀑布平均高度仅34米,但当测定其年平均径流量时,它却是世界最大的瀑布。瀑布上缘宽5千米,据估计,每秒流量为1.33万立方米,相当于在0.6秒钟内充满伦敦圣保罗大教堂的圆顶。

石像故乡——复活节岛

　　复活节岛现有居民5761人（2012），以波利尼亚裔为主，在西方人未到这个岛上之前，这里还处于人类的石器时代，他们只有语言，没有文字。因为岛上都是石块，不长农作物，只能种些易生长的甘薯。岛民原来都靠捕鱼，种少数甘薯为生，现在大多从事旅游服务业。岛上的土著波利尼西亚人，称这个小岛是"世界的中心"。这个岛的首先发现者，是英国航海家爱德华·戴维斯，当他在1686年第一次登上这个小岛时，发现这里一片荒凉，但有许多巨大的石像竖在那里，戴维斯感到十分惊奇，于是他把这个岛称为"悲惨与奇怪的土地"。

　　1722年4月5日，荷兰海军上将雅各布·罗格文航行经过这里再次发现了这个岛，因为那天是耶稣复活节，于是被命名为"复活节岛"，这个小岛的名称就这样沿用了下来。

　　1805年起，西方殖民者开始到岛上抓拉帕努伊人当奴隶。起初还只是偶尔为之，1862年，秘鲁海盗乘8艘船只而来，抓走了一千多名拉帕努伊人，男性拉帕努伊人几乎被一网打尽，这些人被运到秘鲁，卖给了当地奴隶主。在国际舆论的谴责下，秘鲁政府不得不命令奴隶贩子将这些拉帕努伊人放回，但这批拉帕努伊人已死得只剩下100人了，在返回复活节岛的途中，又染上了天花，在旅途中纷纷病死，只有15人回到家乡。这15人也把天花带到了复活节岛。传说中的创始酋长霍图·玛图阿的最后一批后裔死去了，所有的酋长、祭司也都死去了。岛上只剩下了数百人。

　　第二年法国传教士踏上复活节岛，轻而易举地就把灾难中的拉帕努伊人都改造成了基督徒，同时也彻底地消灭了岛上的文化。他们下令烧毁所有刻有朗格朗格的木板。现在幸存的25块朗格朗格板是拉帕努伊人偷偷藏下来的。

地球景观探奇

在19世纪70年代幸存的拉帕努伊人纷纷搬到塔希提岛，到1877年，岛上只剩下了111人。

1888年也是复活节这一天，智利政府宣布吞并复活节岛，将岛上大部分土地租给牧羊公司，一直持续到1953年，牧羊使岛上土地更加贫瘠。今天的岛上人口上升到2000多，但只有5%的学龄儿童讲拉帕努伊语。

在复活岛登陆的第一个欧洲人是荷兰商船队长洛加文，他在1722年在该岛逗留了一天。他和他的船员发现岛上有居民，据他们说这些居民有着各种各样的体型，他们对升起的太阳匍匐在地，用火来崇拜巨大石像。其中有些人，据说是"白人"，把耳垂穿洞垂挂饰物，使之垂至肩上，这显然是非波利尼西亚人的习俗。

西班牙驻秘鲁总督派出的一支远征队于1770年再次发现该岛。他们估计岛上居民约3000人。在英国航海家科克上校于1774年到达该岛之前，看来岛上已发生了一场内战。英国人发现了惨遭杀戮、贫困不堪的波利尼西亚居民，男人只有600～700人，女人不足30人。他们还看到巨大石像不再是崇拜对象，多数已被推倒。1786年法国航海家拉佩鲁兹伯爵到达该岛，发现岛上有约2000人，他企图引入家畜，未成功。自1792年以后，一些帆船，包括捕鲸船，访问该岛。至1860年，人口为3000人左右。1862年来自秘鲁的奴隶贩子曾在岛上

大肆掳掠，后天花流行，人口至1877年减至111人。19世纪末人口再度增加。1864年法国天主教司铎耶乌劳德来到此岛，为在岛上第一个定居的外国人；至1868年，居民信奉基督教。1870年来自大溪地岛的移民开始养羊。1888年该岛并入智利版图，智利几乎租赁了全部土地养羊。1954年智利海军当局接管养羊的牧场。1965年智利政府指派一位文职总督，岛民成为智利正式公民。仅30年间，复活岛民完全适应了大陆的文化标准，但并未忘记尊重他们自己的祖先及祖先们的工艺和习俗。每年2月，男女老少均参加竞技活动，重温该岛以往的艺术及习俗，包括雕刻、敲击、编芦苇船，以及传统的歌舞。

岛上耸立多座火山丘，最高点海拔601米。地面崎岖不平，覆盖着深厚的凝灰岩。岛上的地貌大多是平滑的小山丘、草原和火山。岛上的海滩上多是岩石，悬崖峭壁遍地都是，海湾上没有人看守。岛上只有3个海滩，沙子非常干净。

东北部高出，面对着波利尼西亚小岛群。西南部地势平缓，与智利西海岸相距3700千米，遥遥相对。复活节岛呈三角形，三角形的每个角上各有一座火山。左边角是拉诺考火山。右边是拉诺拉拉科火山，这座火山的斜坡上有岛上最大的巨型石像群。北方角上是拉诺阿鲁火山，它与特雷瓦卡山相邻。岛上还有许许多多的小火山。火山口周围长满了苔藓和野草。较大的火山口里已经形

成了湖泊，湖边长着芦苇。这一切构成复活节岛独特的自然景色。

这个多丘陵的小岛不是下陷陆块的一部分，而是由海底升起的一些火山形成的典型的海洋中的高岛。主要由凝灰岩及其熔岩流构成的3座死火山，使该岛呈特有的三角形。境内散布着一些寄生的凝灰岩火山口和火山锥，其他地区则有许多遭侵蚀的熔岩区，区内遍布黑曜岩。无石的表面土壤瘠薄；适于大面积耕作的地方主要分布在西南的安加罗阿和马塔韦里地区、巴伊乌、拉努·拉拉库火山西南的平原和该岛东角的史前已开垦的波伊克半岛。依靠拉努·科、拉努·拉拉库和拉努·阿罗伊等火山的部分，由沼泽覆盖的火山口湖积蓄雨水。由拉努·阿罗伊火山湖供水的一条时断时续的小河，自特雷瓦卡山坡上流下，注入能渗水的土壤。约914米宽的拉努·科火山很深的火山口湖供水给安加罗阿。海岸由松软的、受侵蚀的灰色峭壁形成，垂直陡降约152～305米；一些长条的低矮坚硬和崎岖不平的熔岩结构时而截断峭壁。缺乏天然港口，但在西岸的安加罗阿，南岸的维纳普及奥图伊蒂，阿纳克纳附近的海上，以及北岸的拉佩鲁兹湾都有锚泊地，海岸附近有一些小岛，主要的小岛有莫图努伊岛、莫图伊蒂环礁和西南海角附近的莫图考考（当地鸟神的形象）。唯一真正的沙滩在阿纳克纳，其他多数沙滩均为砂砾，还有许多山洞。

复活节岛属热带海洋性气候，地表无溪流，以火山口湖水为饮用水源，拉诺卡奥火山口湖直径1.6千米。气候温湿，年平均气温22℃，全年下雨，年降水量1300毫米。雨量最大的月份是5月份，降雨量达到159毫米。大雨并不能改变岛上人民的生活方式，但是渔业和农业却受到月亮和风的影响。

气候属亚热带类型，即阳光充足且干燥。1—3月最热，平均温度23℃；6—8月最凉爽，平均温度18℃。年平均降水量为1250毫米左右，但每年的变化很大。9月最干燥，6月、7月降雨最多，与南方的冬季锋面通过时间一致。6—8月吹的风无规律，其他时候主要是来自东部和东南部的信风。从9月到翌年3月秘鲁洋流（亦称洪堡洋流）流经该岛，平均水温约21℃。

复活节岛上存在着令人费解的疑团，也正是这些疑团更加吸引人们不断向往、探索。主要疑团有以下两种。

1. 复活节岛上的石像之谜

复活节岛以其石雕像而驰名于世。岛上约有1000座以上的巨大石雕像以及大石城遗迹。

复活节岛上遍布近千尊巨大的石雕人像，它们或卧于山野荒坡，或躺倒在海边。其中有几十尊竖立在海边的人工平台上，单独一个或成群结队，面对大海，昂首远视。这些无腿的半身石像造型生动，高鼻梁、深眼窝、长耳朵、翘嘴巴，双手放在肚子上。石像一般高5～10米，重几十吨，最高的一尊有22米，重300多吨。有些石像头顶还戴着红色的石帽，重达10吨。这些被当地人称作"莫埃"的石像由黝黑的玄武岩、凝灰岩雕凿而成，有些还用贝壳镶嵌成眼睛，炯炯有神。

令人不解的是，岛上这些石像是什么人雕刻的呢？它象征着什么？人们又是如何将它们从采石场运往几十千米外的海边呢？有人说这是外星人的杰作。

2. 雕像制作的传说

一种说法是这些石像是岛上人雕刻的，他们是岛上土著人崇拜的神或是已死去的各个酋长、被岛民神化了的祖先，同意这种说法的人比较多。但是有一部分专家认为，石像的高鼻、薄嘴唇，那是白种人的典型生相，而岛上的居民是波利尼西亚人，他们的长相没有这个特征。耳朵长，哪种人也不像。雕塑是一种艺术，总会蕴含着那个民族的特征，而这些石像的造型，并无波利尼西亚人的特征。那么，它们就不会是现在岛上居民波利尼西亚人的祖先，这些雕像也就不可能是他们制作的。此外，人们在从另一个角度细细地分析，岛上的人很难用那时的原始石器工具，来完成这么大的雕刻工程。有人测算过，在2000年前，这个岛上可提供的食物，最多只能养活2000人，在生产力非常低的石器时代，他们必须每天勤奋地去寻觅食物，才能勉强养活自己，他们哪里有时间去做这些雕刻呢？况且，这种石雕像艺术性很高，专家们都对这些"巧夺天工的技艺"赞叹不已。即使是现代人，也不是每个人都能干得了的，谁又能相信，石器时代的波利尼西亚人，个个都是善于雕刻的艺术家呢？

还有一种说法是，石像不是岛上人雕刻的，而是比地球上更文明的外星人来制作的。他们为了某种目的和要求，选择这个太平洋上的孤岛，建了这些石像。这种说法更离奇。为雕刻这些石像，岛上丢弃了许多用钝了的石器工具，谁会相信,比地球人更文明的外星人,会用这些原始的石器工具来完成这批雕像作品呢。

关于山上还有几百个未完工的石像,为什么没有把它们雕刻完毕,放弃在那里,专家们分析后说,这可能在雕凿中遇到了坚硬的岩石,无法继续雕凿下去而放弃的。因为当时用石制工具雕刻石头,在制造石器工具时,尽可能选用最硬的石块,但可能在雕凿中,也遇到很硬的岩石,雕凿不动,不得不放弃。因此,这些未刻完的石像,不是遇到什么灾变性事件突然停下的,而是在雕制过程中逐步被放弃的。其中一个最大的石像,高20多米,是复活节岛所见石像中最大的一个,因为未完工,现仍躺在山上的岩石上。可是岩石学家并不完全同意这种看法。他们解释说,也可能雕刻石像的人花费了很大的劳力和时间,把石像雕成并竖立了起来,却又被地震震倒了,再竖起新雕的,又被震倒了。雕刻的人认为这是上天或神的惩罚,不让他们再干下去,因此都停了下来。

现在,这些谜已经有了一个初步的答案。

考古学家根据复活节岛上居民的语言特征,认为复活节岛人最初是从波利尼西亚的某个群岛上迁移过来的。波利尼西亚人又来自何方呢?曾经有人认为来自南美洲。现在,更多的科学家认为波利尼西亚人来自亚洲东南部。古代的亚洲人从东南亚出发,经过漫长的岁月,途经伊里安岛、所罗门群岛、新喀里多尼亚岛、斐济群岛等岛屿,最后约于公元四五世纪到达复活节岛。

波利尼西亚人到达复活节岛后,也将雕凿石像的风俗带到复活节岛上,并由于多种原因,雕凿石像之风愈演愈烈。

据科学家考证,复活节岛上的石雕像并不是代表神而是代表已故的大酋长或宗教领袖。在古波利尼西亚人心目中,这些人具有无比强大的神力,可以保佑他们的子孙。

根据雕凿现场留下的运输遗迹分析,科学家们认为古波利尼西亚人是这样运输石像的:在凿好的道路上铺满茅草和芦苇,然后用撬棒、绳索把平卧的石像搬到"大雪橇"上,再用绳子拉着"大雪橇"。至目的地后,也是利用绳索和撬棒将石像竖立在事先挖好的坑里。1960年,美国考古学家穆罗曾带领岛上居民采用这种方法,成功地将7座16吨重的石像竖立起来。

科学家们还认为，大约在1650年，复活节岛上的两大集团——肥人和瘦人发生激战。被迫从事石像雕凿工作的瘦人起义，并采用迂回战术，突然袭击肥人，将肥人全部消灭。于是，石像雕凿工作也就中途停下来了。

当然，有关复活节岛上的石像之谜还不能说是完全、彻底地被揭开了，仍有许多问题有待科学家们进一步研究。

总之，有关复活节岛的石人像，说法很多。直到今天，还没有得出一个使大家信服的、科学而又圆满的解释。这就需要现代以及后来人不断地探索来揭开这些谜底。

南美雅典——圣菲波哥大

圣菲波哥大历史悠久。在远古时代，这里一直是印第安人的栖息地。1498年，哥伦布曾到过哥伦比亚海岸。

波哥大始建于1538年，最初为印第安奇布查人的文化中心。1536年，西班牙殖民者贡萨洛·希门尼斯·德克萨达率领殖民军到达这里，残酷屠杀印第安人，幸存者纷纷逃往他处。1538年8月6日，殖民主义者在这块洒满印第安人鲜血的土地上破土动工，兴建波哥大，1819—1831年为大哥伦比亚首都。

1785年和1827年，该城两次遭到地震的破坏。重建后，城区不断扩大，并逐渐成为哥伦比亚全国的政治文化中心，于1886年被定为哥伦比亚共和国首都。1991年7月2日，哥伦比亚全国修宪大会通过决议，决定将波哥大改名为圣菲波哥大，并决定从该年7月3日开始正式使用这一名称。

圣菲波哥大是一座具有南美特色的历史文化古城，城内的许多名胜古迹蜚声于世。公元16世纪、17世纪所建的大学、博物馆、天文台、教堂等古老建筑至今保存完好。

玻利瓦尔广场是根据西班牙王室命令建造的西班牙式大广场，其中的大教堂是在原西班牙教堂的旧址上兴建的。大教堂气势宏伟，两端的两座钟楼高高耸立，塔尖直指苍穹。广场中央，一座西蒙·玻利瓦尔骑着骏马的高大雕像矗立在约3米高的碑身上，雄伟庄严。四周装有带彩灯的喷泉，每到夜晚，彩灯打开，泉水四射，流光闪烁，五彩缤纷。

广场四周耸立着形态各异的雄伟建筑。富丽堂皇的圣卡尔洛斯宫，是一座已有300多年历史的古老建筑，曾后先后作为圣菲皇家图书馆和独立后的国家总统府。当年玻利瓦尔曾在宫内居住过，院内有他亲手栽种的胡桃树，1828年

9月25日，他为躲避一次暗杀，曾从临街的窗户一跃而下，逃到圣阿古斯丁河石桥下隐藏了两个小时才幸免于难，如今在这扇窗户上，还悬挂着记载此事经过的木牌。坐落在玻利瓦尔雕像后面的国会大厦，修建在波哥大建城时的遗址上，内有反映奴隶获得自由时狂欢场面的大型壁画，椭圆形玻璃大厅是举行隆重宴会的地方，大厦建筑式样别致，格外引人注目。

波哥大城内古老教堂众多，有著名的圣伊格纳西奥教堂、圣弗朗西斯科教堂、圣克拉拉教堂、贝拉克鲁斯教堂等。

圣伊格纳西奥教堂，建于1605年，迄今保存完好，教堂内摆设在祭台上的一件件金制品，制作精美、巧夺天工，是出自古代印第安人之手的稀世珍品。

圣弗朗西斯哥科教堂，建于1567年，是哥伦比亚最辉煌、最美丽的教堂。教堂内悬挂着哥伦比亚著名画家瓦斯克斯、菲盖罗阿和厄瓜多尔画家米盖尔·德圣地亚哥的作品。圣伊格那西奥大教堂别具风格，教堂中怪诞的形式复杂的祭坛木雕画是由瓦斯克斯制作的。人们还可在此观赏到绿宝石镶嵌的著名的纯金饰品，这些贵重的饰物是由何塞·德加拉斯花了7年时间镶制成的。

波哥大市中心的圣坦德尔公园内有世界上规模最大的黄金博物馆——哥伦比亚黄金博物馆，也是国家的重要古迹之一。博物馆始建于1939年，当时只有几个农民提供10多件展品，现已收集到3.5万多件金器。馆内的展品琳琅满目、富丽堂皇，都是古代印第安人的装饰品和举行各种宗教仪式用的器皿，如耳环、鼻环、项链、别针、手镯、脚镯和各种壶、杯、碟、碗、盘、面具、香炉等，多达2.4万件。

这些珍贵的艺术品，大多是用微薄如纸的金箔、细如发丝的金线制作的，每件金器上都带有一定含义的形象和图案。据说，这些金器是印第安人在公元前2000年到公元16世纪之间制作的，可见当时的印第安人的冶炼技术和工艺水平已达多么高的水平。游客在开始参观时，黄金博物馆大厅内一片漆黑，伸手不见五指。突然，灯光齐明，大厅四周玻璃柜里的各种黄金展品，霎时金光闪闪，光彩夺目。正在观众如临仙境之时，悦耳的印第安乐曲缓缓四起，把人们带入神话般的"黄金世界"。

馆内最吸引人的是"黄金大厅"，展出的是数百件稀世珍品。馆内灯火通明，播送的印第安音乐清脆悦耳，使人仿佛漫游在神话中的"黄金世界"。

市内的历史博物馆是反映印第安人文明的古建筑，曾被称作"圆形监狱"。现在已经开辟成考古、种族的历史博物馆，馆内除了收藏着许多珍贵的历史文物外，还陈列着上千具木乃伊，供研究和参观。

圣菲波哥大还有许多引人入胜的自然风景名胜。蒙塞拉山风景区在城市北部，海拔3600多米，一座白色的教堂依山而筑。站在山巅眺望，全城景色尽收眼底。离城不远的特肯达马瀑布，长20千米，落差120米，气势磅礴，是哥伦比亚的奇景之一。近郊山丘环绕，树木青翠，盛产绿宝石和鲜花。绿宝石蕴藏量居世界首位，鲜花出口是哥伦比亚外汇收入的重要来源之一。

波哥大城市区主要街道笔直宽阔，来往车道之间有草坪花圃相隔。大街小巷、宅旁空地和房屋阳台上，都种植着各种花卉。大街上到处都是出售鲜花的小摊，摊上摆满了丁香、小菊、石竹、兰花、一品红、杜鹃以及许许多多不知名的奇花异卉，含笑盈枝，绚丽多彩，香气袭人，将一座高楼林立的城市点缀得万紫千红，格外美丽。离市区不远的特肯达乌瀑布，从悬崖峭壁上飞流直下，高度达152米，水珠散飞，雾气腾腾，气象万千，蔚为壮观，被列为哥伦比亚的奇景之一。

城北的蒙塞拉特山是举世闻名的旅游胜地，乘电缆车从山脚到山顶仅须10分钟，站在山顶白色小教堂前眺望，全城景色一览无余。

第五章
南极洲景观探奇

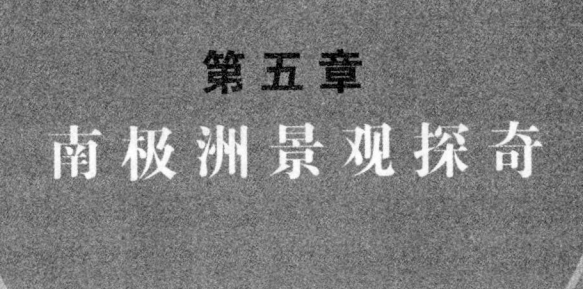

活跃分子——埃里伯斯火山

1841年1月9日,詹姆斯·克拉克·罗斯和弗朗西兹·克劳齐尔乘着他们的皇家海军"埃里伯斯号"和"坦洛号"航船浮现在冰群中,进入罗斯海的辽阔水域。三天后,他们看到了一座非常壮观的山脉,其最高峰海拔2438米。罗斯称该山为阿德默勒尔蒂山脉。航船顺着山脉的方向继续南行,1841年1月28日,根据"埃里伯斯号"的外科医生罗伯特·麦考密克的记载,他们惊讶地看到"一座处于高度活跃状态的巨大火山"。这座火山就取名为埃里伯斯火山,其东面的一座较小的死火山锥称为坦洛山。

当时,地质科学还处于萌芽状态。一座活火山处于一个冰封大陆的冰雪之中似乎是不可思议的。今天的地质学家们不再对这种现象感到惊诧了,无论在哪里出现火山,他们都能很快地解释其存在的原因;气候只不过是配角。实际上,在南极洲火山岩是很常见的。尽管大部分火山岩的地质年代比较久远,而且在南极大陆不处在目前的极地位置时很具有代表性。火山岩是造陆运动的重要显示器,可能有助于绘制涵盖全球表面的古代大陆历史变迁图。罗斯海中地质上年轻的麦克默多火山区以及玛丽伯德地的有关火山,简直就预示着南极洲的近代造陆运动。

对任何一个到该地区旅游的游客来说，罗斯岛上的埃里伯斯火山就像一座灯塔。毫无疑问，登山也是早期探险家和登山运动员的一个目标。在欧内斯特·沙克尔顿的1907—1909年的尼姆罗德探险期间，一行6人，由50岁的埃克沃思·戴维教授率领首次攀登该山。1908年5月10日他们到达了3794米高的顶峰。在那里他们发现一个直径805米、深274米的火山口，火山口底部是一个小熔岩湖。该湖至今仍然存在，埃里白斯是拥有历史久远的熔岩湖的世界仅有的三大火山之一。在1974—1975年，一个新西兰地质队走进主火山口，并在那里建造了一个营地，但是火山喷发的狂烈性阻止他们深入火山口内部。1984年9月17日火山再一次喷发，把火山熔岩弹抛出主火山口。至今它仍然是研究强地质现象的对象。

　　但是，吸引到埃里伯斯火山来的不仅仅是地质学家。现代探险家也挡不住给该山拍摄各种色调照片的诱惑。而早期的探险家只能把其美景交付给水彩画。这些画中的最佳者当属参加过两次斯科特号船探险的医生和博物学家爱德华·威尔逊的作品。植物学家们对高耸于该山两侧的特拉姆威山脊有特殊的兴趣，在那里的火山喷气孔区暖湿地上生长着丰富的植物。南极洲有许多火山，其中有一些火山在最近200年内都是活火山，特别是南大洋的一些岛屿火山。由于该区人烟稀少，多次喷发并无目击者，喷发结束前后均无记载。只有在迪塞帕雄岛的火山危险半径内设有科考站。墨尔本山正位于从罗斯岛越过麦克默多海峡处，其埂峰有喷气活动。水蒸气和零下的温度相结合，形成了许多细细的冰柱。尽管海拔较高，但在喷气孔周围生活着一个独特的细菌植物群落。1893年，挪威人拉尔森沿着南极半岛的东岸作了一次南下威越尔海的特殊航行，报道了在锅尔努纳塔克斯看到的火山活动。多年来许多地质学家认为他看见的很可能是一片云，但是近期的研究工作发现了该区喷气活动的证据。因此，拉尔森或许最终是正确的。观看火山喷发总是一次令人兴奋的经历，而熔岩与冰雪的明显反差使得南极的火山喷发更加壮观。

149

地球景观探奇

最大冰川——兰伯特冰川

南极洲的兰伯特冰川可能是世界上最大的冰川。在其流经查尔斯王子山脉时，宽达64千米。如果把向海延伸的部分阿梅里冰架也包括在内，长约708千米。它下泄了南极大陆冰盖1/5的水量，如果推断一下这些数据，便可知道地球上约12%的淡水都流经兰伯特冰川。要领悟这一大得惊人的数字，几乎就和站在这一冰雪世界中鉴别冰川一样困难。由于兰伯特冰川的规模是如此之大，所以公众对于阿尔卑斯或喜马拉雅的冰川从山上像河流一样向下流的印象不适用于兰伯特冰川，一幅卫星影像图是足以看出冰川、认识冰川的最佳选择。

冰川流动缓慢。世界上流动最快的冰川是格陵兰雅各布港的艾斯布雷冰川，每年流动7千米，而兰伯特冰川以每年约0.23千米的速度滑过查尔斯王子山，最后在阿梅里冰锋区加速到每年1千米，虽然它不是一条快速移动的冰川，但却是一条移动量巨大的冰川，每年约有35立方千米的冰通过兰伯特冰川。

当从飞机上空高处观看时，这条冰川的表面留下了流线状的痕迹——天然冰垄，就像在一幅全景油画布上用油彩画一幅超大油画时留下的刷痕一样，指明了冰川的流向。在冰川表面，冰脊是难以察觉的，但是它们可能明显地呈现为梯形排列的裂隙带。这些裂隙带是由于冰川内部流速不同而造成的，但是另

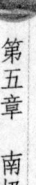

一些裂隙也可能是不规则的冰川底部或沿途遇到的障碍物造形成的。假如这样，冰面坡度的骤变可能形成一个混乱的冰裂隙区，它被称作冰瀑，相当于河流中的瀑布。当冰川流入阿梅里冰架时，冰川被迫环绕吉洛克岛流动，于是就在岛的下方形成了裂隙，有些裂隙宽达402米，最长达402千米。

这些巨大的冰裂隙或冰裂谷以覆雪为桥，对于路经该处的旅游者来说前程令人胆怯。然而，不管冰裂隙有多大，都能相当安全地通过，因为一台拖拉机的附加重量和支撑雪桥的重量相比总是微不足道的。

1955—1958年，维维安·富克斯爵士曾在横越南极探险时，当他离开南极后遇到了类似的裂隙，据报道他驾驶拖拉机顺坡而下，直达雪桥，然而又直上另一坡。主要的危险来自雪桥边缘的小裂隙。在其他地方作冰川旅行时，可能会被直截了当地提示，小心避开已知冰裂隙区。就像非洲河流对非洲大陆的早期探险家们那样，南极洲的冰川也经常为探险家提供深入内陆的明显路线。沙克尔顿发现了比尔德莫尔冰川，它提供了从罗斯冰架进入极地高原的一条径直向南的路线；斯科特和他的四个同伴在其赴极地的艰苦跋涉时，走的是同样的路线。

地球景观探奇

企鹅帝国——扎沃多夫斯基岛

扎沃多夫斯基岛是南桑维奇群岛的一个小岛，宽不到 6 千米，东距南极半岛北端 1800 千米，1819 年由俄罗斯人首先发现。这里是南大西洋上的一个偏远宁静的小岛，每年有几个月，一群群企鹅蜂拥来到岛上，喧闹声震耳欲聋。企鹅是南极动物中的"绅士"，大多分布在南极半岛北部及其周围群岛附近。虽然它们在陆地上行动笨拙，但在水中却灵活自如。生活在扎沃多夫斯基岛上的企鹅主要为纹颊企鹅。

扎沃多夫斯基岛是世界上最大的企鹅栖息地。它们来这里是有理由的。这是一座活火山，火山口和烟洞喷发出来的热量使冰雪无法在山坡上堆积，于是这些企鹅产卵的时间也比那些生活在遥远南方的企鹅产卵的时间要早一些。这些企鹅可以把卵产在光秃秃的地面上，所以它们都愿意顶着惊涛骇浪来到这里。

企鹅是适应潜水生活的鸟类：企鹅的身体结构为适应潜水生活而发生很大改变，其翅退化成潜水时极有用的鳍状翅。企鹅的骨骼也不像其他鸟的骨骼那样轻，而是沉重不充气的。同其他飞翔能力退化的鸟类不同，企鹅胸骨发达而有龙骨突起。相应地，企鹅的胸肌很发达，它们的鳍翅因而可以很有力地划水。企鹅的体型是完美的流线型，跟海豚非常相似。它们的后肢只有三个脚趾发达，

"大拇指"退化，趾间生有适于划水的蹼，游泳时，企鹅的脚是当做舵使用的。企鹅的羽毛跟其他鸟类不同，羽轴偏宽，羽片狭窄，羽毛均匀而致密地着生在体表，如同鳞片一样。这样的身体结构，使企鹅潜水游泳时划一次水便能游得很远，耗费的能量很少，效率自然很高。

据科学家们观察，企鹅的游泳速度可以达到每小时10~15千米，在水下可以潜游半分钟再换气。它们还常常在水中跳跃，因此很多人把企鹅说成是"在水中飞行的鸟"。企鹅在逃避天敌时，常常跳出水面，每次跳出水面可在空中"滑翔"一米多。有时它们会跳上浮冰躲避天敌。据化石资料记载，企鹅在始新世时（距今5000多万年前）种类繁多：当时，全球气候温暖，南极洲有茂密的森林，动物资源十分丰富。随着气候逐渐变冷，企鹅的种类渐渐变少，有的已经绝迹。

如今，全世界生存的企鹅共有十多种。其中，除了加拉帕戈斯企鹅生活在赤道附近的加拉帕戈斯群岛及附近海域外，其他企鹅都分布在气候较寒冷的海域。在人们的印象中，企鹅似乎全部生活在寒冷异常的南极，而实际上，它们中的大多数只是在亚南极水域的岛屿上繁殖，冬季在非洲南部、澳大利亚、新西兰和南美洲较寒冷的海域越冬。只有阿德利企鹅和帝企鹅栖息在南极本土，但阿德利企鹅在冬季也往北方迁移，在不封冻的土中寻找食物。企鹅不能忍受较高的气温，对阿德利企鹅来说，0℃左右的气温就意味着盛夏开始了。据观

察，阿德利企鹅在气温达到1~2℃时就会感到不舒服，而宁愿待在海洋中漂浮的冰块上。企鹅的耐寒本领在鸟类中可以说是首屈一指的。

世界上约有20种企鹅，全部分布在南半球，以南极大陆为中心，北至非洲南端、南美洲和大洋洲，主要分布在大陆沿岸和某些岛屿上。

南极企鹅有七种：帝企鹅、阿德利企鹅、金图企鹅（又名巴布亚企鹅）、纹颊企鹅（又名南极企鹅）、王企鹅（又名国王企鹅）、喜石企鹅和浮华企鹅。这七种企鹅都在南极复合带繁殖后代。

南极企鹅的共同形态特征是，躯体呈流线型，背披黑色羽毛，腹着白色羽毛，翅膀退化，呈鳍形，羽毛为细管状结构，足瘦腿短，趾间有蹼，尾巴短小，躯体肥胖，大腹便便，行走蹒跚。不同种的企鹅具有明显的特征，很容易辨认。

南极企鹅的种类虽不多，但数量相当可观。据鸟类学家长期观察和估算，南极地区现有企鹅近一亿多只，占世界企鹅总数的87%，占南极海鸟总数的90%。数量最多的是阿德利企鹅，有5000万余只；其次是纹颊企鹅，有300万余只，数量最少的是帝企鹅，有57万余只。

一望无际——罗斯冰架

1772—1775年，詹姆斯·库克船长进行第二次伟大航行，在此期间，他成为环绕高纬度南极大陆航行第一人，但是他从未见过南极大陆；他对继续南行所做的每一次努力都受挫于巨大的浮冰。直到1840年，早已是最有经验的英国北极海员——詹姆斯·克拉克·罗斯船长扬帆南行，并成功地通过了浮冰带，进入现被称为罗斯海的水域。他发现了罗斯岛及其以东的被其称之为"维多利亚"的冰障，其间他写道："我们会有通过多佛尔海崖，取得同样成功的机会，并力图去深入这一巨大的陆块。"

像其他游客一样，罗斯也留下了深刻的印象。46～61米高的冰崖高悬于航船上空，以致除了能看到一望无际的冰原外，他无法再往南看。事实上，罗斯冰架是一块近乎三角形的浮冰，其厚度因地而异。向海的前缘厚约183米，向

大陆一侧厚达300米。其面积为542 344平方千米，比西班牙国土面积还大，几乎与法国国土面积同样大。由于它是漂浮的，所以随潮水而起落。大部分冰架破碎成平顶冰山，有记录可查的最大冰山面积达31 080平方千米，比比利时国土的面积还大。

　　罗斯冰架靠冰川补给。如比尔德莫尔等许多冰川都流经南极雨极洲横断山脉，然而，从玛丽伯德地流出的冰流可能会提供更多的冰。在20世纪50年代，在罗斯海上行驶的一艘航船遇到了一座冰山，在冰山面上伸出一个小屋角。被证明是30年前由海军上将伯德建造的小美洲站的一幢小屋的一部分。冰架的大部分地区尚未破裂，成为很好的旅游地。冰架相对平坦，地表状况则对发展雪橇运输队起支配作用。疏松的雪面很难行走，只能由人、狗或拖拉机来拉雪橇。雪面波纹——风吹而成的坚硬的雪垄是最常见的，当它有30多厘米高时，行走就很难。当雪垄之间的槽沟被疏松的雪填满时，表面就呈现出平坦的假象，人和拖拉机只能踉跄前行，令人特别沮丧。

死亡地带——文森峰

南极洲最高峰，海拔 4897 米。位于艾尔斯渥兹山脉，在森蒂纳尔与赫里蒂奇岭之间，俯瞰龙尼冰棚。1935 年由美国探险家艾尔斯渥兹发现。当地发现一些软体动物化石，包括三叶虫和腕足动物，这说明在寒武纪时该地气候温和。

文森峰，于 2004 年以 GPS 技术最新测得海拔 4892 米，取代原来的 4897 米和 5140 米，是南极洲最高峰。位于 78°35′S、85°25′W，山顶距南极点约 1200 千米，山体长 21 千米，宽 13 千米。位于西南极洲，是南极大陆埃尔沃斯山脉的主峰。

西南极洲多火山，仅玛丽凡碌就有 30 多座。南极半岛附近的岛屿多数由黑

色火成岩构成，怪石嶙峋，奇峰突兀，气度非凡。西南极洲的绝大部分地区的基岩表面的海平面以下，即冰盖下面的陆地实际比海平面要低，有的地方甚至在海平面以下2000米。

文森峰山势险峻，且大部分终年被冰雪覆盖，交通困难，夏季气温在-40℃左右，被称为"死亡地带"。

文森峰的高度虽然不高，但在七大洲最高峰中，它是最后一座被登顶的山峰。

第六章
欧洲景观探奇

神秘莫测——地中海

1969年5月15日18时左右，西班牙海军的一架"信天翁"式飞机在地中海的阿尔沃兰海域莫名其妙地栽进了大海，机上有8名工作人员，飞行高度很低，驾驶员很可能是想强行水上降落而未成功，机长麦克金莱上尉还侥幸活着，被救起后却说不清飞机出事的原因，出事地点离海岸仅一海里，人们打捞起两名机组人员的尸体，军方派军舰和潜水员仔细搜寻了几天，另外5名人员始终没有找到。

1969年7月29日15时50分左右，西班牙海军的另一架"信天翁"式飞机在同一海域执行反潜警戒任务时又神秘失踪。机长博阿多上尉发出的最后呼叫是"我们正朝巨大的太阳飞去。"这令人们无法破译。军事当局动用10余架飞机和4艘水面舰船搜寻了广阔的海域，仅仅找到失踪飞机上的两把座椅。

在地中海土伦湾海域，从1964年到1989年的25年里，有6艘潜艇失踪，而这段时间里全世界潜艇遇难事件共有11起。这6艘遇难潜艇有4艘是法国的。土伦海域的海底有许多深沟，被认为是试验深潜器性能的好地方。1968年1月20日，载有52名艇员的法国潜艇"密涅瓦号"在该地试验时突然失踪。

法国军方派出 30 多艘装有先进声呐仪的海军舰船、侦察机及救生机立即搜寻。应法国政府要求，美国也派出专门用于海底搜寻工作的船只"海燕号"进行协助。此时"海燕号"也在同一海域搜寻两天前失踪的以色列潜艇"达咯尔号"。经仔细搜寻没有找到任何遗物，"密涅瓦号"和"达咯尔号"永远地从地球上消失了，至今没有任何音讯。

这片神秘的地中海域比大西洋还要古老，它的文明是地球的又一精彩篇章。

地中海，被北面的欧洲大陆，南面的非洲大陆和东面的亚洲大陆包围着。东西共长约 4000 千米，南北最宽处大约为 1800 千米，面积（包括马尔马拉海，但不包括黑海）约为 2 512 000 平方千米，是世界最大的陆间海。以亚平宁半岛、西西里岛和突尼斯之间突尼斯海峡为界，分东、西两部分。平均深度 1450 米，最深处 5092 米。盐度较高，最高达 39.5‰。地中海有记录的最深点是希腊南面的爱奥尼亚海盆，为海平面下 5121 米。地中海是世界上最古老的海，历史比大西洋还要悠久。

地中海西部通过直布罗陀海峡与大西洋相接，东部通过土耳其海峡（达达尼尔海峡和博斯普鲁斯海峡、马尔马拉海）和黑海相连。西端通过直布罗陀（Gibraltar）海峡与大西洋沟通，最窄处仅 13 千米。航道相对较浅。东北部以达达尼尔海峡—马尔马拉海—博斯普鲁斯海峡连接黑海。东南部经 19 世纪时开通的苏伊士运河与红海沟通。地中海是世界上最古老的海之一，而其附属的大西洋却是年轻的海洋。地中海处在欧亚板块和非洲板块交界处，是世界强地震带之一。地中海地区有维苏威火山、埃特纳火山。

地中海的沿岸夏季炎热干燥，冬季温暖湿润，被称作地中海性气候。植被，叶质坚硬，叶面有蜡质，根系深，有适应夏季干热气候的耐旱特征，属亚热带常绿硬叶林。这里光热充足，是欧洲主要的亚热带水果产区，盛产柑橘、无花果和葡萄等，还有木本油料作物油橄榄。

最早犹太人和古希腊人简称之为"海"或"大海"。因古代人们仅知此海位于三大洲之间，故称之为"地中海"。英、法、西、葡、意等语拼写来自拉丁 Mare Mediterraneum，其中"medi"意为"在……之间"，"terra"意为"陆地"，全名意为"陆地中间之海"。该名称始见于公元 3 世纪的古籍。公元 7 世纪时，西班牙作家伊西尔首次将地中海作为地理名称。

地中海曾被认为是以前环绕东半球的特提斯海的残留部分。现在知道它是在结构上较为年轻的盆地。其大陆棚相对较浅。最宽的大陆棚位于突尼西亚东海岸加贝斯湾，长275千米。亚得里亚海海床的大部分亦为大陆棚。地中海海底是石灰、泥和沙构成的沉积物，以下为蓝泥。海岸一般陡峭多岩，呈很深的锯齿状。隆河、波河和尼罗河构成了地中海中仅有的几个大三角洲。大西洋表层水的不断注入是地中海海水的主要补充来源。其海水循环的最稳定组成部分为沿北非海岸经直布罗陀海峡注入的海流。整个地中海海盆构造活跃，常有地震发生。这里水下地壳破碎，地震、火山频繁，世界著名的维苏威火山、埃特纳火山即分布在本区。

西西里岛与非洲大陆之间有一海岭将地中海分为东、西两个部分。西地中海中有三个由海岭隔开的主要海盆。由西向东分别为：阿尔沃兰海盆、阿尔及利亚海盆和第勒尼安海盆。地中海东部为爱奥尼亚海盆（其西北为亚得里亚海）和勒旺海盆（其西北为爱琴海）。地中海中的大岛屿有马霍卡岛、科西嘉岛、萨丁尼亚岛、西西里岛、克里特岛、塞浦路斯岛和罗得岛。海域中的南欧三大半岛及西西里岛、撒丁岛、科西嘉岛等岛屿，将地中海分成若干个小海区：利古利亚海、第勒尼安海、亚得里亚海、伊奥尼亚海、爱琴海等。地中海海底起伏不平，海岭和海盆交错分布，以亚平宁半岛、西西里岛到非洲突尼斯一线为界，把地中海分为东、西两部分。东地中海要比西地中海大得多，海底地形崎岖不平，深浅悬殊，最浅处只有几十米（如亚得里亚海北部），最深处可达4000米以上（如爱奥尼亚海）。有的地方，一条航行着的船只，船头与船尾之间，水深相差竟有四五百米之多。

地中海气候冬季温和多雨，夏季干燥炎热。除其南岸的突尼西亚东部以外，气流经过山脉间隙进入地中海。北非沿岸大部分年降雨量很少超过250毫米，而在克罗埃西亚崎岖的达尔马提亚海岸，有些地区年降雨量为2500毫米。

尽管有诸多的河流注入地中海，如尼罗河、罗纳河、埃布罗河等，但由于它处在副热带，蒸发量太大，远远超过了河水和雨水的补给，使地中海的水收入不如支出多，由于海水温差的作用和与大西洋海水所含盐度的不同，使地中海和大西洋的海水可发生有规律的交换。含盐分较低的大西洋海水，从直布罗陀海峡表层流入地中海，增补被蒸发去的水源，含盐分高的地中海海水下沉，从直布罗陀海峡下层流入大西洋，形成了海水的环流，每秒钟多达7000立方米。要是没有大西洋源源不断地供水，大约在300年后，地中海就会干枯，变成一个巨大的咸凹坑。

美丽传说——爱琴海

关于爱琴海名称的起源有种种传说。

传说一：

琴是希腊有名的竖琴师。相传她的琴声能使盛怒中的波塞冬恢复平静；相传她的琴声能让善嫉的赫拉心生宽容；相传她的琴声能令阴沉的哈迪斯露出开心的笑容。慕她之名，年轻的国王派来了使者。可是琴却毫不留情地拒绝了他的邀请。琴说，她不会弹琴给目空一切、只会享乐的国王听。使者把她的话原封不动地告诉了国王，可谁想国王听后竟然笑了。第二天清晨，宫里的女官们发现国王不见了，可是她们都笑了，像什么事也没发生一样地走开了。就像她们所想的和期望的一样，国王来到了琴所在的地方。他在美妙琴声的引领下，在雅典娜种的橄榄旁见到了倾慕的姑娘。微风轻拂着她细致的脸庞，夜莺站在她肩头陪她歌唱，阵阵花香缠绕在她的指尖随着拨出的音符飘向远方。琴忽然觉得有股炽热的光线烧热了四周。她抬头望去，迎向了比天空更美、比深海更炫的目光。一时间，他们的眼中只有彼此，同时忽视四面八方。

从那天开始，国王总会在每天清晨悄悄出宫，而琴也会在每天清晨带上心爱的竖琴去一个神秘的地方。事情的发展比故事更美，琴和国王的爱情竟然没有遭到皇室的阻挠。在人民和所有王公贵族的祝福声中琴被接进宫廷。当所有人都认为他们会像童话一样完美时，来自地狱最黑暗的诅咒降临到他们身上。原本很友好的邻国突然发动了可怕的战争，为了子民的安全，国王不得不立刻奔赴战场。就在新婚之夜他离开了深爱的姑娘。

琴每天都到曾和他约会的地方拨琴给远方国王，却等来了他战死沙场的噩耗。她很坚强，泪水根本没机会溢上她的眼眶。琴就在那天披上国王的染血战袍，用拨动琴弦的手指指挥残酷的战场。在举国欢庆胜利的时刻，在万里无云的天空下，放在琴膝上国王的战袍却被一颗一颗晶莹的水珠打得湿透。每天晚上琴都会对着夜空拨琴，她希望在天堂的国王可以听到。而每天清早，她就到处收集散落的露珠，她知道那是国王对她爱的回应。

终于，在许多年后，直到她永远睡去不再醒来的那天，人们把琴用一生收集的 5 213 344 瓶露水全部倒在她沉睡的地方。就在最后一滴露水落地时，奇迹发生了。琴的坟边涌出一股清泉，拥抱着她的身体。由泉变溪、由溪成河、由河聚海。从此在希腊就有了一片清澈的海。人们都叫它"爱琴海"。

传说二：

在远古的时代，有位国王叫米诺斯，他统治着爱琴海的一个岛屿克里特岛。米诺斯的儿子在雅典的阿提刻被人阴谋杀害了。为了替儿子复仇，米诺斯向雅典的人民挑战。在神的惩罚下，雅典正充满灾荒和瘟疫。在米诺斯的挑战下，雅典人向米诺斯王求和。米诺斯要求他们每隔 9 年送 7 对童男童女到克里特岛。

米诺斯在克里特岛建造一座有无数宫殿的迷宫，迷宫中道路曲折纵横，谁进去都别想出来。在迷宫的纵深处，米诺斯养了一只人身牛头的野兽米诺牛。雅典每次送来的 7 对童男童女都是供奉给米诺牛吃的。

这一年，又是供奉童男童女的年头了。有童男童女的家长们都惶恐不安。雅典的国王爱琴的儿子忒修斯看到人们遭受这样的不幸深感不安。他决心和童

第六章 欧洲景观探奇

地球景观

165

男童女们一起出发，并发誓要杀死米诺牛。雅典民众在一片哭泣的悲哀声中，送别忒修斯在内的7对童男童女。忒修斯和父亲约定，如果杀死米诺牛，他在返航时就把船上的黑帆变成白帆。只要船上的黑帆变成白的，就证明爱琴国王能再见到自己的儿子忒修斯了。

忒修斯领着童男童女在克里特上岸了。他的英俊潇洒引起米诺斯国王的女儿，美丽聪明的阿里阿德里涅公主的注意。他和公主一见钟情，并偷偷和他相会。当她知道忒修斯的使命后，她送给他一把魔剑和一个线球，以免忒修斯受到米诺牛的伤害。

聪明而勇敢的忒修斯一进入迷宫，就将线球的一端拴在迷宫的入口处，然后放开线团，沿着曲折复杂的通道，向迷宫深处走去。最后，他终于找到了怪物米诺牛。他抓住米诺牛的角，用阿里阿德里涅公主给的剑，奋力杀死米诺牛。然后，他带着童男童女，顺着线路走出了迷宫。为了预防米诺斯国王的追击，他们凿穿了海边所有克里特船的船底。阿里阿德里涅公主帮助他们，并和他们一起逃出了克里特岛，随后便和他分开（有资料说公主并没有和他们一起回国，忒修斯心情沮丧才忘记挂白帆的），起航回国。经过几天的航行，终于又看到祖国雅典了。忒修斯和他的伙伴兴奋异常，又唱又跳，但他忘了和父亲的约定，没有把黑帆改成白帆。翘首企盼儿子归来的爱琴国王在海边等待儿子的归来，当他看到归来的船挂的仍是黑帆时，以为儿子已被米诺牛吃了，他悲痛欲绝，跳海自杀了。为了纪念爱琴国王，他跳入的那片海，从此就叫爱琴海。

爱琴海是地中海的一部分，位于希腊半岛和小亚细亚半岛之间，南北长610千米，东西宽300千米。爱琴海的东北部经达达尼尔海峡与马尔马拉海相连。

此外，关于爱琴海名称的起源还有古爱琴城一位名叫爱琴的亚马孙女王葬身于海中等解释。

爱琴海是克里特岛的米诺斯文明和伯罗奔尼撒半岛的迈锡尼文明的发祥地。之后又出现了以雅典和斯巴达等城邦为代表的希腊文明。爱琴海后来又陆续成为波斯帝国、罗马帝国、拜占庭帝国、威尼斯共和国、塞尔柱突厥帝国、奥托曼帝国的领海。爱琴海是民主的发源地，也是地中海东部各种文明进行接触和交流的地方。

爱琴海海岸线非常曲折，港湾众多，有2500左右个岛屿。爱琴海的岛屿可以划分为七个群岛：色雷斯海群岛，东爱琴群岛，北部的斯波拉提群岛，基克拉泽斯群岛，萨罗尼克群岛（又称阿尔戈—萨罗尼克群岛），多德卡尼斯群岛和克里特岛。爱琴海的很多岛屿或岛链实际上是陆地上山脉的延伸。一条岛链延伸到了希奥岛，另一条经埃维厄岛延伸至萨摩斯岛，还有一条从伯罗奔尼撒半岛经克里特岛至罗德岛，正是这条岛链将爱琴海和地中海分开。许多岛屿具有良港，不过在古代，航行于爱琴海并不是很安全。许多岛屿是火山岛，有大理石和铁矿。克里特岛上有大面积的肥沃耕地，但是其他岛屿就比较贫瘠了。爱琴海岛屿的大部分属于西岸的希腊，一小部分属于东岸的土耳其。爱琴海是地中海东部的一个大海湾，位于地中海东北部、希腊（Greece）和土耳其之间，也就是位于希腊半岛和小亚细亚半岛之间。爱琴海是世界上岛屿最多的海，所以爱琴海又有"多岛海"之称。南通地中海，东北经过达达尼尔海峡、马尔马拉海、博斯普鲁斯海峡通黑海，南至克里特岛。

在气候类型方面：爱琴海属地中海气候，冬季温和多雨，夏季炎热干燥、蒸发旺盛。盛行北风，但每年9月到次年5月有时刮温和的西南风。

地质地貌：爱琴海海域中岛屿众多、星罗棋布。海岸线曲折，有无数海湾、港口和避风小港。处于亚欧板块与非洲板块积压碰撞的地带，为地壳不稳定区，多火山、地震。

重要数据：长611千米，宽299千米，面积21.4万平方千米，平均深度570米，最深处在克里特岛东面，达3543米。

盐度洋流：因蒸发大于降水，海水盐度较高，为36‰~39‰，高于马尔马拉海和黑海，因而引起黑海中较淡的海水从表层通过海峡流入爱琴海，而爱琴海中盐度较大海水通过海峡下层流向黑海的海水交换形式。希腊半岛与埃维亚岛之间的海潮以凶猛多变闻名于世。表层海水夏温达24℃，冬温10℃。在490米深处，温度波动在14~18℃。从黑海流向爱琴海东北的大量低温水流，对爱琴海的水温产生一定影响。黑海水流含盐量少，降低了爱琴海海水的咸度。

资源：海中缺少营养物，故而生物稀少。但海水清澈平静，温度很高，因之有大量鱼群从其他地区游来产卵。大部分岛屿多岩石，十分贫瘠。北部岛屿一般比南部岛屿树木繁茂。萨索斯岛附近有石油蕴藏。

战略地位：是黑海沿岸国家通往地中海以及大西洋、印度洋的必经水域，在航运和战略上具有重要地位。沿海主要港口有萨洛尼卡、比雷埃夫斯（希腊）和伊兹密尔（土耳其）。

世界之最：以上已经提过爱琴海是世界上岛屿最多的海。爱琴海的岛屿大部分属于西岸的希腊，小部分属于东岸的土耳其。海中最大的一个岛名叫克里特岛。克里特岛面积有8000多平方千米，东西狭长，是爱琴海南部的屏障。

美景如画——威尼斯

中国人所熟悉的马可波罗是威尼斯人。他出生在富商的家庭，1271 年 17 岁时随父亲科罗与叔叔马费欧航海旅行到中国，受到蒙古大汗忽必烈的接见，成为了忽必烈派往邻国的大使。经过 21 年特使生涯后 1292 年才回到威尼斯，长年不用母语，他已经不会讲家乡话了。家人把他拒之门外，引来大群人围观，直到他撕开身上鞑靼人长袍露出黄金后才让其进了屋。马可波罗带回的钻石珠宝、他乡异国的奇异经历和东方古国的文明让威尼斯人大开眼界，尤其是他对黄金"其数无限，地铺金砖"的描述更让人向往。

而我们对这位不同寻常的旅行家的故乡也有着同样的兴趣与向往。

威尼斯是一个美丽的城市，它建筑在最不可能建造城市的地方。这个面积只有不到 8 平方千米的城市，一度曾握有全欧洲最强大的人力、物力和权势。威尼斯的历史相传开始于公元 453 年；当时这个地方的农民和渔民为逃避酷嗜刀兵的游牧民族，转而避往亚德里亚海中的这个小岛。肥沃的冲积土质，就地取材的石块，加上用临近内陆的木头做的小船往来其间。在淤泥中，在水上，先祖们建起了威尼斯。威尼斯 10 世纪开始发展，14 世纪前后，这里已经发展成为意大利最繁忙的港口城市，被誉为整个地中海最著名的集商业、贸易、旅游于一身的水上都市。14—15 世纪为威尼斯全盛时期，成为

意大利最强大和最富有的海上"共和国"、地中海贸易中心之一。16世纪始，随着哥伦布发现美洲大陆，威尼斯逐渐衰落，1797年，威尼斯屈从于拿破仑的统治，有着一千多年历史的威尼斯共和国从此灭亡。1849年反奥地利的独立战争取得胜利。直到1866年威尼斯地区和意大利才实现统一，从此成为意大利的一个地区。

威尼斯的建筑在最不可能建造城市的地方——水上，威尼斯的风情总离不开"水"，蜿蜒的水巷，流动的清波，它就好像一个漂浮在碧波上浪漫的梦，诗情画意久久挥之不去。威尼斯外形像海豚，城市面积不到7.8平方千米，却由118个小岛组成，177条运河蛛网一样密布其间，这些小岛和运河由大约401座各式各样的桥梁缀接相连。整个城市只靠一条长堤与意大利大陆半岛连接。

这里建筑的方法，是先在水底下的泥土打下大木桩，木桩一个挨一个，这就是地基，打牢了，铺上木板，然后就盖房子，那儿的房子无一不是这么建造的。所以有人说，威尼斯城上面是石头，下面是森林。当年为建造威尼斯，意大利北部的森林全被砍完了。这样的房子，也不用担心水下的木头烂了，它不会烂的，而且会越变越硬，愈久弥坚。此前考古者挖掘马可·波罗的故居，挖出的木头坚硬如铁，出水后被氧化而腐朽。

威尼斯这个不到8平方千米的城市，却被一百多条蛛网般密布的运河割成一百多座小岛，岛与岛之间只凭各式桥梁错落连接，初来乍到很快便会迷失在这座"水城"中。好在有大运河呈S形贯穿整个城市。沿着这条号称"威尼斯最长的街道"，可以饱览威尼斯的精华而不用担心迷路。沿岸的近200座宫殿、豪宅和七座教堂，多半建于14—16世纪，有拜占庭风格、哥特风格、巴洛克风格、威尼斯式等，所有的建筑地基都淹没在水中，看起来就像水中升起的一座艺术长廊一样。平日里大运河真的像一条熙熙攘攘的大街一样，各式船只往来穿梭其上，最别致的当然还是贡多拉。

威尼斯有毁于火中又重生的凤凰歌剧院，伟大的文艺复兴和拜占庭式建筑，世界上最美的广场之一——圣马可广场，有美得令人窒息的回廊，大师安东尼奥尼电影中最美的段落有一些就在这儿拍摄；这儿是文艺复兴的一个重镇，产过历史上最重要的画派之一：威尼斯画派；德国音乐大师理查德瓦格纳在这里与世长辞……这个城市昔日的光荣与梦想，通过保存异常完好的建筑延续到今天，它独特的气氛令游人感到如受魔法，令凡是来过的威尼斯游客都恋恋不舍，乐而忘返。

地下仙境——弗拉萨斯溶洞群

　　1971年,当一支来自安科纳的洞穴学家考察队在挖掘亚平宁山脉石灰岩山丘时,有了惊人的发现。弗拉萨斯峡谷的巨大溶洞系统一直是洞穴学家和旅游者钟爱之处,但这群幸运的人们偶然发现了弗拉萨斯溶洞中最精彩的一个:大风洞,意大利语则为 La Grotta Grandedel Vento。这不仅是一个巨大的洞穴,而且连接着周围近13千米的隧洞和通道。它有几个巨大的洞穴,每一个洞穴大得足以安置一座教堂,而许多小的洞穴,也各有其独特的神韵。其中令人印象最深刻的洞穴蜡烛宫,其穹顶上垂下成千乳酪般的、雪花膏似的、白色的钟乳石。另一个精彩的洞穴是无极宫,那里的钟乳石和石笋长得相当长,以致其中许多已成为雄伟的柱子。柱子的复杂结构使人联想起哥特式建筑中精美的雕刻结构,

而且该洞中支撑着穹顶的柱子给人以势不可当之感。

弗拉萨斯溶洞系统洋溢着美感：从一个溶洞逶迤至另一个溶洞，展露出一系列难以置信的地质构造，由矿物沉积而成的一碰即碎的帷幕，它是如此之薄以致光线可以透过，到巨大厚实的光塔，看上去像一条巨龙的牙齿一样。在许多溶洞中，滴水中含有除碳酸钙外的矿物质，形成从柔和的蓝绿系列到浅淡的粉红色，真是一个令人目不暇接的彩色世界。

另一尤为壮观的特征是蝙蝠洞，成千上万的这类夜间活动的小哺乳动物或倒悬在溶洞穹顶上，或安详地来回飞翔。黄昏时分，溶洞入口处乱成一团，成千上万只蝙蝠离开其白天的休息地，在黑夜中捕捉飞蛾和其他昆虫。蝙蝠视力发育不良，通过复杂的声呐系统的定位捕食猎物，科学家至今尚未完全明白这种复杂的声呐系统。

弗拉萨斯溶洞群位于一流的喀斯特地区，那里大量的石灰岩沉积受到埃西诺河以及其支流森蒂托河的侵蚀，形成深切至亚平宁山脉山麓的峡谷。两河的流水侵蚀弗拉萨斯溶洞系统的一些洞穴，几千年来不断地刻蚀和溶解隧洞中那些岩石最脆弱的地方。

旷世奇观——比萨斜塔

比萨斜塔是世界遗产，建于1174年，塔高约60米，由于地表塌陷每年倾斜1.2毫米，按此速度推算，可能在200~1000年后倒塌。

比萨斜塔所在的奇迹广场上，有不少几乎和斜塔同期修建的大教堂、洗礼教堂等建筑艺术杰作。修建斜塔时，它在整个广场的设计规划中只是教堂的一座由乳白色大理石砌成的钟楼，确切地说，斜塔只是个"配角"。1174年，人们开始修建钟楼，修建过程中因地基沉陷而发生倾斜，800多年来斜而不倒，以斜劲"喧宾夺主"。

比萨斜塔的塔体由8个层面组成，在直径16米的塔体中心有可以上下的螺旋形台阶约300级。人们通过台阶可以直接登到塔顶。每个层面周围是用大理石雕塑的柱廊，以前人们可以在每层柱廊间绕塔一周，但是现在为了游人的安全，登塔者一律不准走塔体的外圈，从底层到第七层全是走塔体内的台阶。走这段路时，人们几乎看不到外边的景色，因此对塔体的倾斜感受不深。但是，当游人到了第七层与第八层之间时，情况就大不一样了。由于塔体自北向南倾斜5.5°，第七层与底层相比，已经倾斜了四五米。而且，从第七层往第八层攀登时，空间是开放的，人完全走在外面，虽有护栏保护，但由于塔体斜度加大，站在上面总觉得自己的身体也是斜的，有摇摇欲坠之感。有些游人的腿开始发软，眼睛根本不敢往下看，仿佛下面就是万丈深渊。尽管站在高处可以观赏比萨城的全景，但由于脚下倾斜，游人已顾不上欣赏了。

比萨斜塔修复工程耗资约合2500万美元，基本上达到预期效果。专家认为，经过修复的比萨斜塔，只要不出现不可抗拒的自然因素，300年内不会倒塌。每年5—8月，比萨斜塔晚上也向游人开放。届时，游人登上灯火通明的斜塔顶层，可一睹夜幕下的比萨古城和奇迹广场的美景。而斜塔本身也在夜幕和灯火中显出迷人的神秘色彩。

几个世纪以来，钟楼的倾斜问题始终吸引着好奇的游客、艺术家和学者，使得比萨斜塔世界闻名。

比萨斜塔为什么会倾斜，专家们曾为此争论不休。尤其是在 14 世纪，人们在两种论调中徘徊，比萨斜塔究竟是建造过程中无法预料和避免的地面下沉累积效应的结果，还是建筑师有意而为之。20 世纪，随着对比萨斜塔越来越精确的测量、使用各种先进设备对地基土层进行的深入勘测，以及对历史档案的研究，一些事实逐渐浮出水面：比萨斜塔在最初的设计中本应是垂直的建筑，但是在建造初期就开始偏离了正确位置。

比萨斜塔之所以会倾斜，是由于它地基下面土层的特殊性造成的。比萨斜塔下有好几层不同材质的土层，各种软质粉土的沉淀物和非常软的黏土，而在深约一米的地方则是地下水层。这个结论是在对地基土层成分进行观测后得出的。最新的挖掘表明，钟楼建在了古代的海岸边缘，因此土质在建造时便已经沙化和下沉。

根据现有的文字记载，比萨斜塔在几个世纪以来的倾斜是缓慢的，它和它地基下方的土层实际上达到了某种程度上的平衡。在建造的第一阶段第三层结束时，钟塔向北倾斜约 0.25°，在第二阶段由于纠偏过度，1278 年第 7 层完成时，反而向南倾斜约 0.6°，1360 年建造顶层钟房时，增加到 1.6°。1817 年，两位英国学者 Cresy 和 Taylor 用铅垂线测量倾斜，那时的结果是 5°。1550 年 Giorgio Vasari 的勘测与 1817 年 Cresy 和 Taylor 的勘测之间相隔 267 年，倾斜仅增加了 5 厘米。因此人们也没有对斜塔进行特意的维修。

| 地球景观 探奇

然而1838年的一次工程导致了比萨斜塔突然加速倾斜，人们不得不采取紧急维护措施。当时建筑师Alessandrodella Gherardesca在原本密封的斜塔地基周围进行了挖掘，以探究地基的形态，揭示圆柱柱础和地基台阶是否与设想的相同。这一行为使得斜塔失去了原有的平衡，地基开始开裂，最严重的是发生了地下水涌入的现象。这次工程后的勘测结果表明，倾斜加剧了20厘米，而此前267年的倾斜总和不过5厘米。

1838年的工程结束以后，比萨斜塔的加速倾斜又持续了几年，然后又趋于平稳，减少到每年倾斜约1毫米。

第七章
大洋洲景观探奇

野生王国——大堡礁

　　大堡礁形成于中新世时期，距今已有2500万年的历史。它的面积还在不断扩大。它是上次冰河时期后，海面上升到现在位置之后一万年来形成的。

　　大堡礁堪称地球上最美的"装饰品"，像一颗闪着天蓝、靛蓝、蔚蓝和纯白色光芒的明珠，即使在月球上远望也清晰可见。但是，当初首次目睹大堡礁的欧洲人未以丰富的词汇来描述它的美丽，颇令人费解。这些欧洲人大部分是海员，可能他们脑子里想的是其他事情而忽略了大自然的美景。

　　1606年，西班牙人托雷斯在昆士兰北端受到暴风雨袭击，驶过托雷斯海峡

（此海峡以他的姓氏命名）到过这里。1770年，英国船"努力号"在礁石和大陆之间搁浅，撞了个大洞，船长库克曾滞留于此。1789年，布莱船长率领"邦提号"上忠于他的船员驶过激流翻滚的礁石来到了平静的水面。

"努力号"船上的植物学家班克斯看到大堡礁时惊讶不已。船修好后，他写道："我们刚刚经过的这片礁石在欧洲和世界其他地方都是从未见过的，但在这儿见到了，这是一堵珊瑚墙，矗立在这深不可测的海洋里。"班克斯看到的大堡礁的"珊瑚墙"，是地球上最大的活珊瑚体。这在世界上是独一无二的。

大堡礁是世界上最有活力和最完整的生态系统。但其平衡也最脆弱。如在某方面受到威胁，对整个系统将是一种灾难。大堡礁禁得住大风大浪的袭击，进入21世纪，最大的危险却来自现代的人类，土著人在此渔猎已数个世纪，但是没有对大堡礁造成破坏。20世纪，由于开采鸟粪，大量捕鱼捕鲸、进行大规模的海参贸易和捕捞珠母等，已经使大堡礁伤痕累累。现在澳大利亚已把这一地区辟为国家公园，制止了此类活动，并对旅游活动进行了控制。大堡礁是世界上最大、最长的珊瑚礁区，是世界七大自然景观之一，也是澳大利亚人最引以为豪的天然景观。又称为"透明清澈的海中野生王国"。

地球景观探奇

大堡礁位于澳大利亚东北部昆士兰省对面，是一处延绵 2000 千米的地段，它蜿蜒于澳大利亚东海岸，全长 2011 千米，最宽处 161 千米。南端最远离海岸 241 千米，北端离海岸仅 16 千米。在落潮时，部分的珊瑚礁露出水面形成珊瑚岛。这里景色迷人、险峻莫测，水流异常复杂，生存着 400 余种不同类型的珊瑚礁，其中有世界上最大的珊瑚礁，鱼类 1500 种，软体动物 4000 余种，聚集的鸟类 42 种，有着得天独厚的科学研究条件，这里还是某些濒临灭绝的动物物种（如儒艮和巨型绿龟）的栖息地。

世界最大的珊瑚礁区。延伸于澳大利亚东北岸外，长逾 2000 千米，距岸 16~160 千米，由数千个相互隔开的礁体组成。许多礁体在低潮时显露或稍被淹没，有的形成沙洲，有的环绕岛屿或镶附大陆岸边。是数百万年来由珊瑚虫的钙质硬壳与碎片堆积，并经珊瑚藻和群虫等生物遗体胶结而成。至少有 350 种色彩缤纷、形态多样的珊瑚，生长在浅水大陆棚的温暖海水中。据钻探，礁体之下是早第三纪陆相堆积，说明该地区原先位于海面以上。自早中新世以来，陆地下沉，间有数次回升。在海底礁坡上有多级阶地，相当于更新世冰川引起的海面变动的停顿期。礁区海底地形复杂，有穿过礁区与现代河口相连的许多谷地，这是古代陆上侵蚀产物。礁区海水温度季节变化小，表面水温高 21~38℃，向深处去温度变化不大。海水清澈，可清楚看到 30 米深处的海底地形。礁区海洋生物丰富，有彩色斑斓、形状奇特的小鱼；还有宽 1.2 米、重 90 千克的巨蛤和以珊瑚虫为食的海星。植物贫乏。养珠业发达，有对虾和扇贝繁殖区。大堡礁吸引着越来越多的旅游者。北昆士兰岸外建有水下观测站。有从大陆海滨城市到大堡礁的航线。其他资源有石灰、石英沙。最近发现石油，已开始测量和试钻。

令人不可思议的是，营造如此庞大"工程"的"建筑师"，是直径只有几毫米的腔肠动物珊瑚虫。珊瑚虫体态玲珑，色泽美丽，只能生活在全年水温保持在 22~28℃ 的水域，且水质必须洁净、透明度高。澳大利亚东北岸外大陆架海域正具备珊瑚虫繁衍生殖的理想条件。珊瑚虫以浮游生物为食，群体生活，能分泌出石灰质骨骼。老一代珊瑚虫死后留下遗骸，新一代继续发育繁衍，像树木抽枝发芽一样，向高处和两旁发展。如此年复一年，日积月累，珊瑚虫分泌的石灰质骨骼，连同藻类、贝壳等海洋生物残骸胶结一起，堆积成一个个珊瑚礁体。珊瑚礁的建造过程十分缓慢，在最好的条件下，礁体每年不过增厚3～4厘米。有的礁岩厚度已达数百米，说明这些"建筑师"们在此已经历了漫长的岁月。同时也说明，澳大利亚东北海岸地区在地质史上曾经历过沉陷过程，使追求阳光和食物的珊瑚数量不断向上增长。在大堡礁，有350多种珊瑚，无论形状、大小、颜色都极不相同，有些非常微小，有的可宽达2米。珊瑚千姿百态，有扇形、半球形、鞭形、鹿角形、树木和花朵状的。珊瑚栖息的水域颜色从白、青到蓝靛，绚丽多彩，珊瑚也有淡粉红、深玫瑰红、鲜黄、蓝相绿色，异常鲜艳。

地球景观 探奇

叹为观止——塔斯马尼亚

人类进入塔斯马尼亚可能在 25 000—40 000 年前。在 11 000—12 000 年前巴斯海峡被淹没，澳大利亚最南部的居民被隔断了和大陆部族的联系。荷兰人塔斯曼是调查该地区的第一个欧洲人，他于 1642 年登陆，命名该岛为范迪门地。此后法国和英国的探险家们接踵而至，1798 年弗林德斯作环岛航行。欧洲人殖民统治的头十年间立足未稳，大量欧洲人流放罪犯，包括逃亡的"绿林大汉"，以及原始原住民们，都在相互争夺食物和土地，彼此不和。1825 年范迪门地被宣布为殖民地，同新南威尔士州分开，从 19 世纪 20 年代到 40 年代，人口由 4350 人增加到 57 000 多人，人口膨胀给原住居民带来了死亡的厄运。1831

年，当原住居民剩下不足 200 人时，他们被移置到弗林德斯岛，在那里他们无法繁衍后代，最后一个塔斯马尼亚人，名叫特罗喀尼尼的妇女，于 1876 年死去。流放罪犯的活动于 1852—1853 年结束，殖民自治政府于 1855—1856 年被认可，塔斯马尼亚这个地名成为官方正式名称。大部分塔斯马尼亚人曾支持澳大利亚联邦。1901 年塔斯马尼亚成为一个州。面积 67 800 平方千米。人口约 459 659（1996 年）。

乔治·钒退（1771—1803），英国航海家，探索了澳大利亚东海岸，并与弗林德斯一起驾船超过 18 000 千米探索澳大利亚的海岸线，证明塔斯马尼亚是一个岛屿。位于南太平洋澳大利亚和塔斯马尼亚岛之间的巴斯海峡就是为纪念他而命名。1803 年，巴斯驾船前往南美贩卖货物，但在太平洋上失踪后杳无音讯，也有一些人认为他是被西班牙人抓去秘鲁当矿工了，而有些人认为他已经死去。

三角形的塔斯马尼亚主岛和澳大利亚大陆的维多利亚州之间被巴斯海峡隔开，海峡东联塔斯曼海，西南通印度洋。该州除塔斯马尼亚主岛外，还包括离州首府荷巴特东南岸不远的布鲁尼岛，巴斯海峡中的金岛与弗林德斯岛，主岛外边许多小岛以及东南方约 1450 千米处亚南极地区的麦加利（Macquarie）岛。主岛纬度及气候和加利福尼亚北部或西班牙西北部大体相似。

该州得名于荷兰航海家塔斯曼，他于 1642 年首先发现该岛，但直到 1856 年一直称范迪门地。该名来源于荷兰殖民官安东尼·范迪门，是他派遣塔斯曼作探险航行的。岛上主要是山地，蕴藏着澳大利亚大部分的水电潜能。

除西北部外，塔斯马尼亚岛土壤贫瘠。岛上气候湿润。一般来说，最湿润地区有温带雨林，特别是山毛榉和香桃木。年雨量750～1500毫米的地区有木质优良的桉树林，干旱地区则为劣质桉树林或稀树草原。

动物界在真正的雨林中见不到，但在大片桉树林区颇为丰富。鸟类有吸蜜鸟、黑樫鸟、黑鹊、黑凤头鹦鹉及各种其他鹦鹉。哺乳类有沙袋鼠、帚尾袋貂及环尾袋貂，食肉的袋类则有袋鼬、斑袋鼬及塔斯马尼亚袋獾。苔属植物生长地和沼泽地有各种毛鼻袋熊。海岸带是绿色玫瑰鹦鹉及卵生哺乳类鸭嘴兽和针鼹的故乡。

塔斯马尼亚的资源丰富多样，主要矿藏有铁、锌、铅、铜、锡和钨。中部和西部地区有水电开发。西部森林提供硬木和纸浆与造纸工业的原料。乳酪业及混作农业以比较湿润的北部地区为主，较干旱的中部和东海岸广泛放牧羊群，东南部专营园艺业。采矿业一般占初级产品产值的1/4，乳酪业占1/5，羊毛生产占1/6，水果占1/7，林业占1/8，第二产业约为初级产品产值的2倍，其中最重要的电冶金及电化学工业，有赖于水电委员会提供的廉价能源。

原有的原住居民塔斯马尼亚人现已绝灭，他们属类黑人种，当19世纪初欧洲人来此定居时，原住居民约有3000～5000人。20世纪80年代末期的塔斯马尼亚居民特点是在澳大利亚出生的比例最高。

州议会（设在州首府荷巴特）设两院：众议院35席，按比例代表制选举产生；参议院传统上主要是一个超越党派的议院，由19个选区各选一议员组成。主要政党有澳大利亚工党和澳大利亚自由党。

州政府对带有孩子的被遗弃的妻子或丈夫、丈夫在监狱的妻子以及无人照顾的孩子们给予救助，但大部分社会福利由国家政府负责。塔斯马尼亚人高度重视住房私有制，公寓占不到住宅的1/10。

虽然人口不多，塔斯马尼亚人的文化生活却异常活跃，部分原因归功于塔斯马尼亚大学（建于1890年）及预备学院（由水准较高的中学升入大学的阶梯），后者是20世纪60年代塔斯马尼亚的一项革新。州内拥有各种业余乐团、合唱团和定期换演剧目的剧团。澳大利亚广播公司获得荷巴特与朗塞斯顿市政会的财政支持，维持着塔斯马尼亚交响乐团。塔斯马尼亚还定期举行影展和艺术节。

富丽堂皇——悉尼大歌剧院

悉尼歌剧院是从20世纪50年代开始构思兴建，1955年起公开搜集世界各地的设计作品，至1956年共有32个国家233个作品参选，后来丹麦建筑师约恩·乌松的设计雀屏中选，共耗时16年、斥资1200万澳币完成建造，为了筹措经费，除了募集基金外，澳洲政府还曾于1959年发行悉尼歌剧院彩券。

在建造过程中，因为改组后的澳洲新政府与约恩·乌松失和，使得这位建筑师非常气愤，从而于1966年离开澳洲，从此再未踏上澳洲土地，连自己的经典之作都无法亲眼看见。之后的工作由澳洲建筑师群合力完成，包括Peter Hall、Lionel Todd与David Littlemore等三位，悉尼歌剧院最后在1973年10月20日正式开幕。

悉尼歌剧院的外观为三组巨大的壳片，耸立在南北长186米、东西最宽处为97米的现浇钢筋混凝土结构的基座上。第一组壳片在地段西侧，四对壳片成串排列，三对朝北，一对朝南，内部是大音乐厅。第二组在地段东侧，与第一组大致平行，形式相同而规模略小，内部是歌剧厅。第三组在它们的西南方，规模最小，由两对壳片组成，里面是餐厅。其他房间都巧妙地布置在基座内。整个建筑群的入口在南端，有宽97米的大台阶。车辆入口和停车场设在大台阶下面。悉尼歌剧院坐落在悉尼港湾，三面临水，环境开阔，以特色的建筑设计闻名于世，它的外形像3个三角形翘首于河边，屋顶是白色的形状犹如贝壳，因而有"翘首遐观的恬静修女"之美称。

歌剧院整个分为3个部分：歌剧厅、音乐厅和贝尼朗餐厅。歌剧厅、音乐厅及休息厅并排而立，建在巨型花岗岩石基座上，各由4块巍峨的大壳顶组成。这些"贝壳"依次排列，前三个一个盖着一个，面向海湾依抱，最后一个则背向海湾侍立，看上去很像是两组打开盖倒放着的蚌。高低不一的尖顶壳，外表用白格子釉磁铺盖，在阳光照映下，远远望去，既像竖立着的贝壳，又像两艘巨型白色帆船，飘扬在蔚蓝色的海面上，故有"船帆屋顶剧院"之称。那贝壳形尖屋顶，是由2194块重15.3吨的弯曲形混凝土预制件，用钢缆拉紧拼成的，外表覆盖着105万块白色或奶油色的瓷砖。据设计者晚年时说，他当年的创意其实是来源于橙子。正是那些剥去了一半皮的橙子启发了他。而这一创意来源也由此刻成小型的模型放在悉尼歌剧院前，供游人们观赏这一平凡事物引起的伟大构想。

悉尼歌剧院不仅是悉尼艺术文化的殿堂，更是悉尼的灵魂，来自世界各地的观光客每天络绎不绝前往参观拍照，清晨、黄昏或夜晚，不论徒步缓行或出海遨游，悉尼歌剧院随时为游客展现不同的迷人风采。

每一个城市都有它的标志，到过和没有到过悉尼的人，大概对世界著名的悉尼歌剧院都会有耳闻。造型独特的悉尼歌剧院是悉尼的标志，它的意义远远超出歌剧院本身了。当然，每一年在此举行的歌剧、芭蕾舞等各种演出，也是许多澳洲人一年之中的重要节目。

雪白的贝壳造型的悉尼歌剧院，坐落在碧绿的海水和皇家公园宁静的草地森林之间，它给人的感觉既壮观又精致，既气象万千又微妙细腻。歌剧院所在的这片邻水地区也叫做环形码头，它离市中心很近，是悉尼重要的水路，每一天这里出发的船只运送着无数上下班的人和旅行的人，歌剧院并不是一个独立的个体，它和左边的这些美丽的码头、右边的皇家公园构成了一处富丽堂皇的整体景色。

每到周末，环形码头小路的两边有很多唱歌的、弹琴的、做杂耍的和搞人体雕塑的艺人，路人或者站着或者围坐在他们周围欣赏着、探询着；他们用阳光一样开朗的神情和路人交流着；歌剧院门前的广场上，常常有免费露天音乐会。周末，这里是悉尼人也是旅游者酷爱的休闲地。你可以坐在海边，安静地喂着鸽子，看着海水听歌，也可以加入露天音乐会的节奏中去慢慢轻舞。

令人惊叹——库伯佩迪的蛋白石

澳大利亚是世界上矿藏储量最丰富的国家之一。但是，蛋白石却是最能使澳大利亚有别于其他国家的一种矿物。世界上达到宝石等级的蛋白石有90%是在澳大利亚开采的，其中约3/4来自南澳大利亚州。正如蛋白石是澳大利亚特色产品一样，采矿方法和矿区的生活方式也有澳大利亚特色。是澳大利亚有别于其他国家的一种矿物。

1849年，普通蛋白石在澳大利亚首次被发现。1915年在库伯佩迪发现了珍贵的蛋白石。1930年和1931年，在安达摩卡和民塔皮相继发现了蛋白石矿，并成为主要矿场。虽然蛋白石的开采规模依然较小，但它每年给澳大利亚经济创造了约3000万美元的财富。

乍一看来，库伯佩迪和其他僻远矿区非常相似，脏兮兮的公路穿越矿区，尾矿废石成堆，但没有钻机，矿井上没有旋转的传动装置，事实上，连建筑物也没有。然而中心带洞的环形土墩营造了一种尘土飞扬、小火山密布的火山区外貌。十分确切地说，要在库伯佩迪找到矿井和矿工，你必须走入地下。每一个小土墩都有一个进入独立的地址界的通行井。沙漠中柔软的砂岩能轻易地用铁锹和丁字镐挖掘，有时也使用炸药。大多数蛋白石出现在地下24米处，而许多工作面则更浅。有些蛋白石在岩石内不显眼的小矿体中找到，但多数出现在矿脉中。每个矿工都有一个工作小区，他们抱着找到一个能使自己致富的大矿脉的希望，在给定的作业范围内采挖，以自己的技术去碰运气。关于来库伯佩迪挖矿的人，经过几个月的辛勤劳动，一无所获，钱财耗尽，悻悻离去的故事不胜枚举。有时候，在同一个地区工作的有些矿工发现了丰富的矿藏。这些矿工是很幸运的，因为只有相当少的人以此致富。

岩石盖层吸收了大量灼热的沙漠地区的阳光。大约在 6 米以下才相对凉爽些。早期的蛋白石矿工很快就意识到，居住在几乎不用花什么钱建造的地下寓所里可能会相对舒服些。而今天的矿工及其家属舒服地生活在现代化的地下室里。许多寓所十分宽敞豪华。有的甚至还建造了地下游泳池，充分利用其上与地表相距很近，阳光能无情地晒烤下来的条件。蛋白石矿区的生活仍很艰苦，有许多矿工及其家属最后又返回别的地方过更安逸的生活。

下渗在矿物中的地下水经常是很丰富的，饱含碳酸钙的水渗进石灰岩形成钟乳石和石笋。这可能是人们最熟知的例子。在适当条件下，饱含碳酸钙的水不是简单地、不加区别地将其所含矿物从溶液中淀积下来，而是会在小矿体和矿脉中集中沉积下来。

对于蛋白石的形成，地理学家有这样的说法：作为非晶形二氧化硅水合物，蛋白石的含水量通常不到10%。它是通过富含二氧化硅的水淀积而成，也可能来自二氧化硅的胶体。换句话说，它比石英要柔软得多。在其固化过程中从腔体中凝结出许多极薄的薄膜，这就是在蛋白石宝石中产生出火焰般闪光和色彩的东西。富含二氧化硅的水也许以多种方式存在，最常见的形式是存在于含硅的热泉中。因此，在清澈的、非硫黄温泉附近的许多沉积物中都含有适量的蛋白石。但是含蛋白石的沉积物和属于珍贵宝石的蛋白石是大相径庭的。蛋白石的颜色从稀有的黑色一直到白色，但是，也许最著名的是红色或橘黄的闪光蛋白石。当一块优质蛋白石对着光线旋转时，从其内部发出的无数反射光使得其内部充满生气；一块优质橘红色的蛋白石，看上去像充满闪烁不定的焰火一样。这样的宝石才能主宰珠宝市场上的高价，在市场上，它们一般被切割成凸圆形。

变化莫测——艾尔斯岩

艾尔斯岩位于澳大利亚干热中心——北部地区的西南角附近。这块巨大的、黄褐色巨石长2.4千米，宽1.6千米，屹立于周围的沙漠平原之上，高达348米，是世界上最大的裸露地表的独块石头。一条内陆土路从艾丽斯温泉通向大独石附近的汽车旅馆，使观光者有时间攀登巨石，体验随早晚变化的光线而展现的巨石奇观。它犹如落日余晖时的景象：巨石看来像从光球内部发出的白光一样，在逐渐暗淡的光线中，在其变成黑色的轮廓前，巨石从白天橘棕色变成浓浓的深红色。对于那些早起观景的人们，拂晓的光线使得大独石展示出更加美丽而朦胧的色调。攀登巨石并不难，但是澳大利亚沙漠的酷热使登山成为一项危险的事情。随身携带的最重要的物品就是水。要是没有它，人就会脱水、中暑和热衰竭，还要冒长时间暴晒而引起过量紫外线辐射的危险。

1872年，一欧洲人首先发现了艾尔斯岩，当时这名澳大利亚探险家欧内斯特·贾尔斯正在穿越该地沙漠。然而，早在欧洲人来到澳大利亚之前，英国人就开始在此殖民和运送囚犯。当地的土著人把大独石称为"尤卢鲁"，环绕大独石基部有许多土著壁画，它是土著文化的一个重要特征。同样，大独石也赋予西方的艺术家、诗人和摄影师以灵感。

艾尔斯岩之所以令人难忘，主要是因其规模巨大。而其西部约24千米处的奥尔加山则因其美丽而闻名。这原始的独石在这里被大自然雕凿成一个孤山群——一处由小型独石混杂在一起组成的迷人景色。奥尔加山比周围平原高出457米，海拔高度为1069米。孤山群约有30个圆顶山丘，总称为奥尔加独石群。欧内斯特·贾尔斯把这些山丘命名为西班牙皇后。但是，几个世纪以来土著人一直把其称为卡塔朱塔，贴切地将这些山丘描述为"多头山"。

在这个面积为 28 平方千米的小山群中，意志坚定的旅行者们会遇到历经几百万年的暴雨刻蚀而成的深切峡谷与沟壑。陡峭的悬崖位于路堑两侧，提供了一条免受沙漠灼热之苦的凉爽遮阴的步行道。使旅行者有可能不受太阳炙烤的威胁，以松弛的身心欣赏大自然巧夺天工的美景。

艾尔斯独岩和奥尔加独石群形成于冰碛岩，一种似乎与其目前炎热沙漠中部位置很不一致的古代冰川沉积物。然而。独石大约是在 6.8 亿年前形成的，当时澳大利亚位于更高的纬度。古冰川形成的岩石在南半球国家的许多地方同样都有发现，这表明过去地质时期曾有多次冰期。这样的岩石是重要的气候指示器，有助于确证用古磁学等其他方法测定的从前的大陆位置。

艾尔斯岩的地层接近垂直，而奥尔加山的地层接近于水平，这一反差可以用来解释两个露头之间侵蚀方式的差异。两大主要侵蚀方式影响了两个地区：雨水侵蚀区和热力侵蚀区。尽管，它们都地处沙漠，但每年都有几百毫米的降水，而且趋向于每隔几年降一两次大暴雨，当强烈洪水急流直下岩壁时，冲走了沿途的疏松物质。热力侵蚀是由灼热的白天与严寒的黑夜之间的气温极端变化引起的，当岩石不停地膨胀和收缩时，终于引起岩石碎片的脱落。

景色超凡——大分水岭

大分水岭是澳大利亚东部新南威尔七州以北山脉和高原的总称，位于新南威尔士州以北与海岸线大致平行，自约克角半岛至维多利亚州，绵延约3000千米，宽160~320千米。它的最高峰科修斯科山海拔2230米，是全国的最高点。在此以西发源的河流注入卡奔塔利亚湾和印度洋，以东发源的河流注入太平洋的珊瑚海和塔斯曼海。

大分水岭南北走向，纵贯澳大利亚东部，它的北部处于热带气候区，中部处于副热带气候区，南部地处温带气候区。这绵长的大山系像一座天然屏障一样，挡住了太平洋吹来的暖湿空气，使山地东西两坡的降水量差别很大，生长的植物也迥然不同。东坡地势较陡，沿海有狭长平原，降水充分，生长着各种类型的森林。西坡地势缓斜，向西逐渐展开为中部平原，这里降水较少，常年干旱，呈现一片草原与矮小灌丛的景象。

大分水岭南段悉尼西郊的蓝山是一处著名的观光胜地。大分水岭的主峰科休斯科峰又称大雪山，这里有一处巨大的水利工程，被称为世界奇迹之一。大雪山水利工程就是建筑大小水坝，控制融化的雪水。在大雪山水利工程的施工范围内共建造了16座大小水坝，7所水力发电厂，为人类创造了变荒漠为绿洲的奇迹。

巍然壮观——波浪岩

在澳大利亚西部谷物生长区边缘的海登城附近，有一个名叫海登岩的巨大岩层。在它的北端有一个向外伸悬的岩体，称为波浪岩，高出平地15米。波浪岩的命名，是因为它的形状很像一排即将破碎的巨大且冻结了的波浪，长度约100米。虽然波浪岩屹立在光秃、干燥的土地上，但它过去（大约在27亿年以前）可能部分在地下，渗入地下的水将这侧面平直的岩石底面侵蚀掉了。后来，岩石周围的土壤被冲刷掉，风随之而来改变着岩石的外形，风挟沙粒和尘土的吹蚀把较下层的外表挖去，留下成蜷曲状的顶部。雨水将矿物质和化学物沿岩面冲刷下来，留下一条条红褐色、黑色、黄色和灰色的条纹。黑色在早晨的阳光下显得特别亮。

耸立在西澳洲中部沙漠的波浪岩是澳洲知名的观光景点，距离西澳首府珀斯350千米，车程约5小时。波浪岩属于海登岩北部最奇特的一部分，高低起伏，就像一片席卷而来的大海中的波涛巨浪一样，相当壮观。每年有大批的欧美观光客慕名而来，为的就是一睹波浪岩奇特壮观的景象。近一年来，从亚洲来的游客中主要以自由行的年轻人为主。

波浪岩是由花岗岩石所构成的，大约在25亿年前形成，经过大自然力量的洗礼，将波浪岩表面刻画成凹陷的形状，加上日积月累风雨的冲刷和早晚剧烈

的温差，渐渐地侵蚀成波浪岩的形状。整个侵蚀进化的过程十分缓慢，但是呈现在我们眼前的景观如此壮观，大自然的力量真是巨大无比！

波浪岩表面的线条是由于含有碳和氢的雨水冲刷时，带走表面的化学物质，同时产生化学作用，因此在波浪岩表面形成黑色，灰色，红色，咖啡色和土黄色的条纹。这些深浅不同的线条使波浪岩看起来更加生动，就像滚滚而来的海浪。

长久以来，波浪岩一直被埋没在西澳洲中部的沙漠里，直到1963年，一位名为Joyhodges的摄影师在一次旅行中，拍摄了波浪岩的画面，在美国纽约的国际摄影比赛中获奖，之后照片又成为美国国家地理杂志的封面，一时之间声名大噪，之后波浪岩成为摄影师争先恐后取景的地点。想要捕捉波浪岩各种颜色的线条的秘诀，就是选在午后取景，因为这是一天当中，线条颜色最鲜明的时候。

海草牧场——沙克湾

　　沙克湾位于澳大利亚的西澳大利亚州。沙克湾是澳大利亚大陆南部印度洋上的一个海湾，面积21 973平方千米。沙克湾的意思是"鲨鱼湾"，是英国航海探险家威廉·丹皮阿在1699年起的名字。湾内有世界上最大的鱼——鲸鲨。鲸鲨体长可达20米，有漂亮的脊鳍，性情温和，嘴很大，主要吃浮游生物。沙克湾是热带向亚热带转换的海域，给海洋动物提供了良好的生存环境。座头鲸每年冬季从南极海域北上，9月前后在湾内寻找配偶。沙克湾周围的海域是世界上最大的儒艮产地。这里大约有1万头儒艮。儒艮又叫"海牛"，是大型哺乳类动物，体长可达4米。儒艮的胆子很小，雌性儒艮有的能活到70岁。

　　沙克湾底有12种海藻，海藻的分布面积很广，达4000平方千米。透过清

澈的海水，可以看见墨绿的群生海藻。

鲨鱼岛坐落在澳大利亚西海岸尽头，被海岛和陆地所环绕，以其中的三个无可比拟的自然景观而著名。它拥有世界上最大的（占地4800平方千米）和最丰富的海洋植物标本。并拥有世界上数量最多的儒艮和叠层石（与海藻同类，沿着土石堆生长，是世界上最古老的生存形式之一）。在鲨鱼岛，还存在着5种濒危哺乳动物。

沙克湾地区的海湾、水港和小岛支撑着一个庞大的水生生物世界，海龟、鲸鱼、对虾、扇贝、海蛇、鱼类和鲨鱼在这个地区都是很常见的水生生物。与此同时，在一些地区珊瑚礁、海绵和其他的无脊椎动物以及热带和亚热带鱼类形成一个很独特的生态群落。宽广平坦的海滩上生活着各种各样的掘穴类的软体动物——寄居蟹和其他的无脊椎动物。但是在鲨鱼岛这个生态系统中最为基础的支撑还是"海草牧场"。

沙克湾内有许多浅水地区，这些地区是作为跳水和潜水活动的良好场所。古德龙残骸被西澳大利亚海运博物馆评估为最佳的残骸之一。濑鱼、叉尾霸鹟以及成群结队的蝴蝶鱼、种类繁多的热带鱼、颜色亮丽的天使鱼、儒艮和海龟等在海湾中生息繁衍。产于澳大利亚的海龟大多是食肉动物，一年四季在海湾中都可以见到单独出现的海龟，大规模的海龟聚集从7月底就开始了，尽管海龟的繁殖季节通常是在此之后。传统上，海龟和儒艮是其产地的土著居民餐桌

上的佳肴，但在沙克湾地区这两种动物并没有受到其在世界其他地区一样的生存压力。在海洋公园中，宽吻海豚这种野生动物会经常来到海岸边与人们接触，并接受人们投喂给它们的鱼。

　　宽阔的珊瑚丛是水下观赏的又一美景。珊瑚礁块的直径大约有500米，其间充斥着丰富的海洋生物，无数色彩斑斓的珊瑚争相映入人们的眼帘，蓝色、紫色、绿色、棕色等，真是美不胜收。这个地区在海里生活的浅紫色的海绵也极为有名。在这个地区，有一个美丽的蓝色石松珊瑚的生长群落，仿佛是一个大花园。此外，头珊瑚和平板珊瑚也随处可见。由于当地潮汐和其他自然条件的限制，对当地不甚了解的人只有在当地有经验的持证潜水操作员的引导下才能潜水。这里交通方便，乘飞机、坐船和经由高速公路都可以到达。这里的服务设施也很完备，餐饮娱乐以及购物等服务性行业也很发达。但如果你想潜水的话，则必须自带潜水设备和压缩空气瓶，这里不提供与之有关的服务。在这里你可以划船、跳水、潜水、观察海洋生物、钓鱼（当然在保护区范围以外）、风帆冲浪和游泳等。

地球景观探奇

梦幻天堂——夏威夷群岛

夏威夷群岛位于北纬 19°~29°的北太平洋中，西起库雷岛和中途岛，东至夏威夷本岛，延伸长度 2415 千米。群岛似乎与环绕太平洋边缘的"火环"中的任何一座火山没有关系。其他大部分火山都与深海沟联系在一起，海沟正处于大洋壳楔入大陆边缘下的地幔中去的地方。这称为潜没的过程，因大洋壳板块的沉降产生了摩擦热，这就为海沟以外的火山依次提供热源。

相反，夏威夷群岛正处于地球地幔层的一个热点之上，是一个点状热源。地质学家认为现有 30 多处这样的热点，都与地球内部有着固定的相关性，并具有跨越地质年代的长寿特点。这就意味着处于移动的大洋壳之下的热点，由于大洋壳运行其上而产生一系列火山。

这恰恰就是在夏威夷群岛发生的事情。西太平洋的洋壳稳定地向西移动，在热点的生命周期内，洋壳似乎移动了 2414 千米。所有的夏威夷群岛链都是火山岛，最老的火山岛在西端，而最活跃的——因而也是最年轻的——火山岛，就在群岛链东端的夏威夷本岛。

夏威夷是一个略具三角形的岛屿。最高点冒纳凯阿。火山的山顶海拔 4205 米，当从位于海平面下 5998 米的洋床基底量算时，它就是世界上最高的山脉。冒纳凯阿的高度和位于大洋中部的清澈而未受污染的大气圈一起，使其成为安装数台世界上功率最大的天文望远镜的理想场所。

夏威夷的大多数近代火山活动，均发生在基拉韦亚火山，它是第二高山冒纳罗亚山侧的一个辅助火山口。该火山口离海拔4170米的山顶约32千米。自1983年以来接连不断地爆发。莫库阿韦奥韦奥的火山口深183米，占地面积10.4平方千米。最著名的喷发特征是壮观的熔岩喷泉，它将红热的熔岩抛向高达90米的空中。喷泉偶尔可达503米高。

离开火山口的熔岩，就像一条温度达1100~1200℃的玄武岩组成的深红色河流。沿着山丘向下流动。熔岩的流动性很大，流动速度能达到每小时32千米以上。熔岩流经之处一切都是燃烧的，道路受阻，当熔岩流入大海时，就在爆炸声中冷却。类似的火山喷发给这个热带天堂中的旅游者带来惊人心魄的刺激。

夏威夷群岛位于太平洋中部，它是波利尼西亚群岛中面积最大的一个二级群岛，有大小岛屿30多个，总面积16650平方千米，其中只有8个比较大的岛能住人。

在夏威夷群岛的8个主要岛屿中，瓦胡岛面积不是最大的岛，但它各方面条件好，开发得也好，所以成为这个群岛中的佼佼者。夏威夷的首府火奴鲁鲁（檀香山）坐落在这个岛上，它是几十万人口的大城市，有港口码头和国际机场。人们说要到夏威夷去，首先到达瓦胡岛的火奴鲁鲁，这里居住着夏威夷群岛80%的人口。这里还有世界著名的瓦基基海滨沙滩和美国海军基地珍珠港。

夏威夷群岛都是由地壳断裂处喷发出的岩浆形成的，直至现在，一些岛上的火山口，还经常发生火山喷发活动。如夏威夷岛上的基拉韦厄火山、冒纳罗亚火山，毛伊岛上的哈里阿卡拉火山，都是经常喷发的现代活火山。

由于都是火山岛，夏威夷群岛各个岛屿，都是地势起伏的纵横山地、丘陵，平原很少。这也形成了夏威夷群岛美丽独特的自然景色。

虽然夏威夷群岛位于热带太平洋上，但气温并不很高，也不太潮湿，一年四季气温都在14~32℃，变化很小，很适宜人们的生活。如果居住在山区，气温更加凉爽宜人。

夏威夷群岛雨水充沛，许多丘陵和山地，都被浓密的森林和草地覆盖着，显现出自然景色的优美。同时，夏威夷群岛还有自己的岛花——红色的芙蓉花。

在夏威夷各岛上，一年四季都可以看到盛开的鲜花。

由于各种植物和花卉生长繁茂，夏威夷群岛的昆虫也是最多的。仅蝴蝶就有万种以上，而且有些品种是这个群岛上特有的。有一种蝴蝶叫"绿色人面兽身蝶"是一种世界上少见的大蝴蝶，它的翅膀展开时长达10厘米。所以，许多昆虫爱好者和研究人员，都要到这个岛上来研究和采集蝴蝶标本。

夏威夷群岛的海滨也非常美丽，那里有广阔的海滨和深蓝色的海洋，是供人们游泳、冲浪和各种水上活动的好地方，瓦基基海滩是世界上最著名的海滩。在海边的林荫道旁，生长着许多椰子树，更显示出热带海岛风情。

夏威夷岛上的冒纳罗亚活火山上，还有夏威夷国家火山公园。这个火山公园自冒纳罗亚山顶的火山口，一直延伸到海边。在火山公园里，可以看到世界其他地方难以见到的景观。如火山喷发时形成的硫黄堆积起来的平原、熔岩隧道等。还可看到从裂开的地面中喷发含硫的热水蒸气。在冒纳罗亚活火山的几老亚喷火口，可见到沸腾的熔岩岩浆在翻滚，有时可见到断落的岩层掉进熔浆里，溅起的火炬有几十米高。在火山喷发口活动强烈时，会从火山口溢出熔融状态的岩浆，沿着山坡向下流，一直流淌到远在几十千米的太平洋里，并发出咆哮的声响，有时可延续几个月。熔岩流过的地方，房屋树木，全被熔岩吞没。岩浆冷却后，便形成山坡上坚硬的熔岩覆盖层，寸草不生。